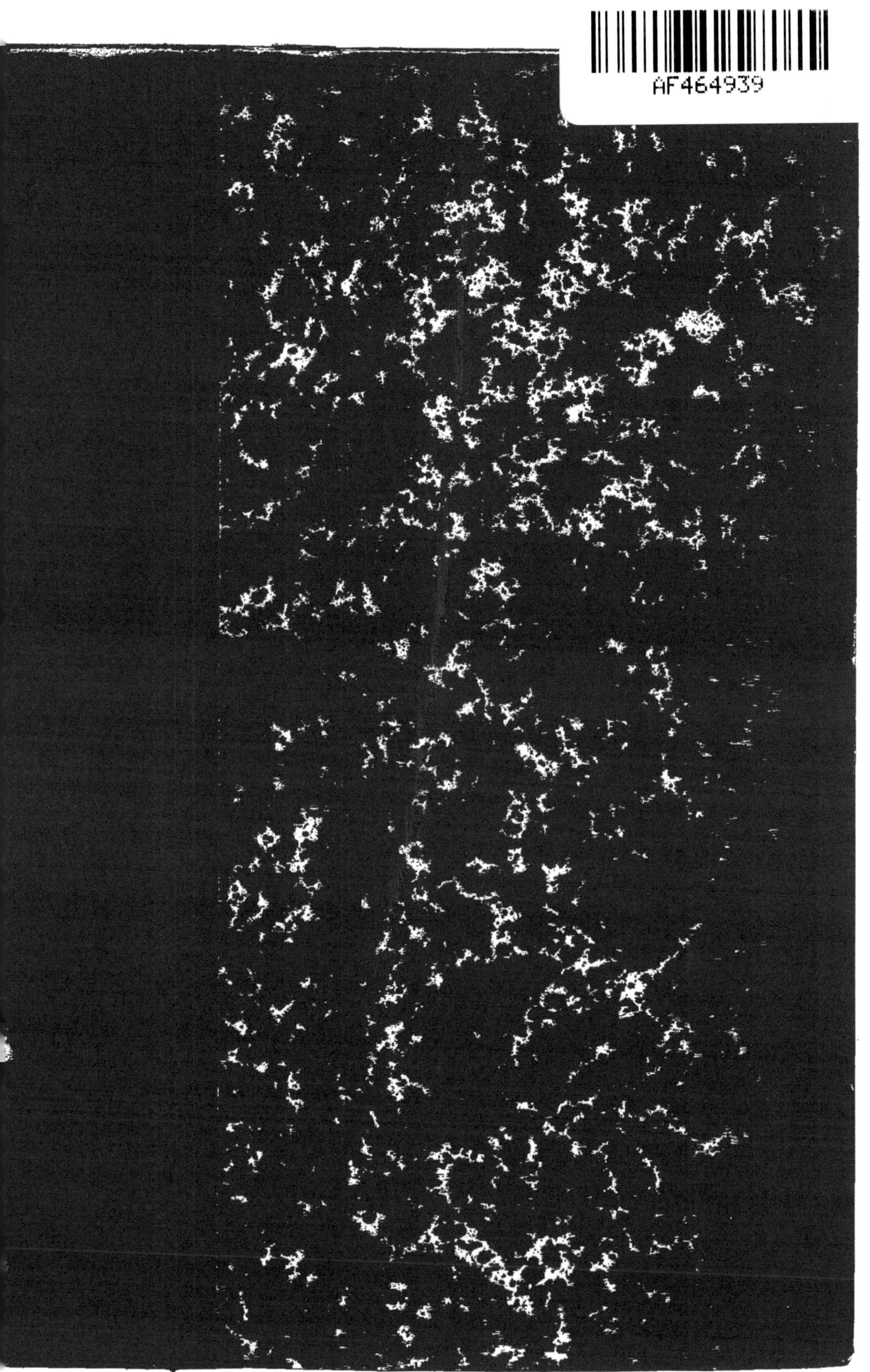
AF464939

21/2

LA VÉNERIE MODERNE

4° S
1082

LA VÉNERIE MODERNE

PAR

LÉON DE JAQUIER

Dessins de

P. MAHLER

PARIS
14, RUE DUPERRÉ, 14

BIBLIOTHÈQUE NATIONALE
IMPRIMÉS

AVANT-PROPOS

LA France est la terre classique de la Vénerie. Si nous trouvons ailleurs des chasses d'un intérêt extrême, véritables spécialités, si l'Angleterre est sans rivale pour la chasse au renard, le Piémont et le Tyrol pour la chasse au chamois, si les grands seigneurs Magyars ou Tchèques possèdent des équipages royaux et disposent de territoires illimités pour satisfaire leur passion favorite, nulle part nous ne rencontrons un ensemble, aussi parfait qu'en France, de conditions favorables : abondance, variété des régions giboyeuses, beauté pittoresque et aisance des parcours, intérêt à la fois sportif et cynégétique. Nulle part, surtout, nous ne trouvons ces traditions qui sont l'honneur et le mérite de la Vénerie française, véritable science, formée avec méthode, finesse, sagacité, par le fait d'une longue expérience et qui a trouvé dans du Fouilloux, d'Yauville, Verrier de la Conterie, des interprètes incomparables.

D'éminents écrivains, qui étaient eux-mêmes passés maîtres en cet art, ont, à plusieurs reprises, retracé l'histoire de la Vénerie française ; nous voudrions y ajouter un chapitre en exposant son état actuel. Après avoir traversé des périodes assez critiques, elle a fait, depuis quelques années, des progres considérables et semble avoir atteint une situation qui soutient la comparaison avec les plus brillantes époques de son histoire.

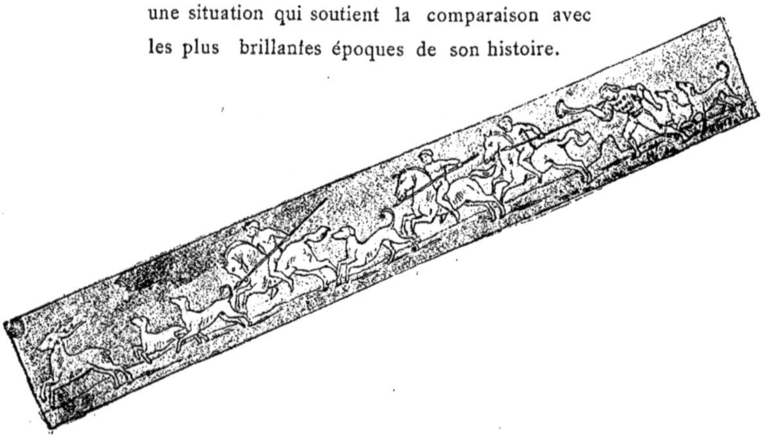

BIBLIOTHÈQUE NATIONALE

LES CHASSES DE LA COURONNE

PLAISIRS du Roy », ainsi étaient, autrefois, qualifiées les forêts de la couronne et des peines très-sévères, l'amende pour les seigneurs, les verges pour les serfs, étaient édictées contre les chasseurs coupables de s'y aventurer. Le Roi était le premier gentilhomme de son royaume, il en était aussi le premier veneur. Les plus anciennes chroniques du moyen-âge nous font connaître l'importance attribuée à ce noble plaisir, si bien fait pour séduire l'imagination, pour satisfaire le tempérament de princes belliqueux.

Malgré tout leur intérêt, nous n'entrerons pas dans des détails rétrospectifs sur la vénerie au moyen-âge; rappelons seulement les noms de Geoffroy, maître-veneur de Saint Louis, (1231), le premier dont mention ait été conservée et de Gilles de Rougeau, en faveur duquel Philippe-le-Bel créa, en 1308, la charge de Grand Louvetier de France.

C'est avec Louis XIV que la vénerie royale atteignit sa plus grande splendeur. Elle comprenait un grand équipage de cerf, de 250 chiens, un équipage de chevreuil, de 80, un équipage de lièvre, un équipage de renard, un équipage de sanglier, une grande louveterie. Son personnel s'élevait à 500 lieutenants de vénerie, piqueurs, valets de chiens, etc. Le duc François de la Rochefoucauld, grand veneur, en avait la direction.

Maintenue à peu près sur le même pied par Louis XV, la vénerie royale fut réduite par Louis XVI dans de fortes proportions, pour disparaître complétement lors de la Révolution.

Versailles était le séjour principal ou plutôt le centre de rayonnement de ces différents équipages, établis dans de vastes bâtiments situés derrière les grandes-écuries, près de la butte Montbauron, et qui existent encore, transformés en casernes,

Saint-Germain était le théâtre des chasses d'hiver. Son terrain sablonneux, peu accidenté, permettait de chasser en dépit des mauvais temps et de la gelée. Entourée de murs ou d'escarpements, du côté de la Seine, percée de routes nombreuses,

ectte forêt offrait de grandes facilités pour le placement des relais. Mais son étendue médiocre ne lui permettant pas de nourrir assez de cerfs, on y élevait une trentaine de faons mâles, transportés de Compiègne ou de Fontainebleau.

Les équipages royaux allaient à Saint-Germain, à la fin de décembre; ils en revenaient, à la fin du carême, pour chasser dans *les environs de Versailles*, dont le sol, glaiseux et impraticable dans le gros hiver, devenait au contraire excellent, dès que les premiers beaux jours l'avaient asséché et affermi, sans le durcir. Cette région comprenait de nombreux boqueteaux, peu étendus, séparés par des plaines ou des vallées étroites : Fausses-Reposes, Meudon, Verrières, les Gonards ; le roi fit, en 1778, abattre les murs du parc de Meudon pour faciliter le passage des cerfs d'un bois à l'autre ; on avait aménagé, pour servir de rendez-vous, un grand nombre de pavillons qui ont à peu près tous disparu, sauf le Pavillon de la Bouillie, sur la route de Versailles à Jouy, propriété du marquis d'Alta-Villa.

Dans un rayon un peu plus étendu, on trouvait

les bois de Besne, de Ste-Apolline, de Trappes, situés au delà de St-Cyr, et les bosquets échelonnés le long de la vallée de Chevreuse où l'on chassait sans déplacement, c'est-à-dire en y envoyant la meute, la veille au soir seulement et en la faisant rentrer à la fin de la journée.

Au delà étaient les bois de Marcoussis, Ste-Geneviève, Angervilliers, voisins de Montlhéry et ceux des Alluets, voisins de Meulan, sur la basse Seine. Il était nécessaire d'y effectuer des déplacements, de deux à huit jours ; Les chasses de Versailles cessaient le 15 mai.

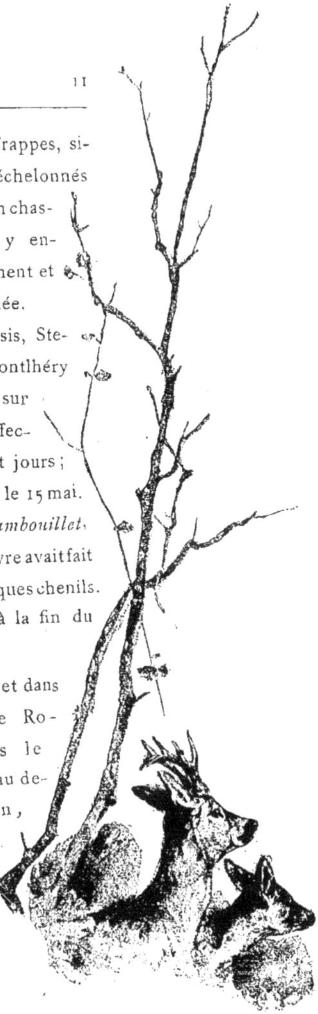

Les équipages venaient alors à *Rambouillet*, où le duc de Penthièvre avait fait construire de magnifiques chenils. Ils y restaient jusqu'à la fin du mois de Juin. Ils chassaient dans la forêt et dans les bois des Ivelines et de Rochefort qui lui font suite vers le sud-est. Ils allaient même, au delà, jusqu'en forêt de Dourdan, propriété du duc d'Orléans, qui est vaste, pittoresque, mais assez mal percée

Ils rentraient ensuite à Versailles, s'y reposaient deux ou trois jours, puis repartaient pour *Compiègne* qu'ils atteignaient en deux jours, faisant étape à Louvres. Les chasses y étaient récentes : c'est Louis XV qui les avait inaugurées au mois de juin 1728.

L'installation était absolument médiocre, surtout pour le personnel. Les gentilshommes, de la Vénerie étaient *logés à la craie*, dans la ville ; les autres veneurs se logeaient, comme ils pouvaient, dans les faubourgs, moyennant une indemnité de dix sous par jour.

A la date du 18 ou 20 août, départ pour Louvres et Mongeron, centre des chasses en forêt de *Sénart*, — peu étendue, mais intéressante, bien ouverte, et se prolongeant, remontant la Seine, par une série de boqueteaux : forêt de Rougeau, bois de Sainte-Assise, de Saint-Leu, de Bréviande.

En fin septembre, c'était le tour de la forêt de *Fontainebleau*, où des constructions considérables, élevées par Louis XIV, avaient encore été agrandies par Louis XV et assuraient aux équipages une installation presque aussi confortable qu'à Versailles. Fontainebleau était non seulement la plus vaste des forêts de la couronne, mais encore l'une des mieux percées, des plus pittoresques, des plus favorables, grâce à son sol sablonneux, aux chasses par les temps pluvieux d'automne. C'est là que, le 3 novembre, le roi faisait habituellement la célèbre chasse solennelle de Saint-Hubert. De temps à autre, on traversait la Seine pour aller lancer dans les bois de Massoury, de Champagne, de Valence.

Dans la dernière quinzaine de novembre, la vénerie royale revenait à Versailles, en faisant étape à Essonne ou à Corbeil. En attendant le départ pour Saint-Germain, on chassait de nouveau dans les environs de Versailles. A cette époque de l'année, *Marly* avait les préférences de Louis XIV ; Louis XV s'en était dégoûté promptement. Comme le fait remarquer d'Yauville, premier veneur du Roi, dans son célèbre *Traité de Vénerie* « ce parc est fort dur et fort sec dans l'été et très mou en hiver ; il y a beaucoup de haut et de bas, ce qui rend les routes fort glissantes quand il a plu : on ne peut donc espérer, moyennant cela, d'y faire de belles chasses que dans l'automne, s'il est possible d'en faire de belles dans un pays fermé, rétréci et montueux. »

Nous venons d'esquisser le calendrier cynégétique de la couronne, avant la Révolution. Celle ci amena la ruine de cette organisation et porta un coup funeste. à la vénerie française. Les équipages royaux furent dispersés ; une partie fut acquise par Barras qui se plut à chasser à courre, pendant qu'il fut membre du Directoire.

Quand Napoléon Ier organisa sa cour à l'image de celle de Versailles, il ne manqua pas de faire une large place à la Vénerie et reconstitua un ensemble d'équipages au moins aussi importants que ceux de Louis XVI. Berthier, prince de Wagram, reçut le titre de grand veneur et les autres postes furent occupés par des officiers de grade élevé.

Mais l'empereur avait peu de goût pour la chasse, qu'il prisait au seul titre d'exercice équestre. Il considérait la vénerie comme un complément indispensable pour la splendeur de sa cour : c'étaient des chasses d'un autre genre dont il avait au cœur la passion et le génie.

Homme d'esprit plus qu'homme de cheval, Louis XVIII se contenta d'avoir un équipage de cerf, fortement constitué d'ailleurs : 140 chiens, 40 limiers, 90 chevaux. Un personnel de 25 piqueurs était sous les ordres du premier veneur, le Comte de Girardin, assisté de un commandant et deux lieutenants de vénerie et de deux pages. Le maréchal de Lauriston avait succédé à Berthier comme grand veneur.

La première place était alors occupée par les équipages du duc de Bourbon à Chantilly. Ils comprenaient 132 chiens pour le cerf, 135 pour le sanglier ; avec l'équipage à tir, l'effectif s'en élevait à 27 hommes, 88 chevaux, 305 chiens. Leur installation était organisée royalement dans ces bâtiments célèbres bâtis par Louis-Henri de Bourbon, de 1719 à 1735. Le comte d'Artois et le duc de

Berry, grands amateurs de tous les exercices physiques, possédaient de simples équipages de chevreuil établis sur un pied assez modeste.

Sous Charles X les chasses de la cour reprirent un plus grand éclat. Elles avaient lieu alternativement à Rambouillet, Saint-Germain, Compiègne et Chantilly : le roi, qui avait conservé l'ardeur et les goûts de la jeunesse, les suivait assidument.

Nouvelle disparition des équipages royaux à l'avènement de la monarchie de juillet. La mort du duc de Bourbon mit fin aux fêtes cynégitiques de Chantilly. Cependant le prince Labanoff obtint l'autorisation de chasser dans cette belle forêt et organisa des réunions qui furent bientôt très recherchées. L'une d'elles, en 1833, donna lieu, entre divers sportsmen présents, à un match, couru sur la vaste pelouse du château, et gagné par M. de Normandie : ce fut l'origine du *Derby* inauguré l'année suivante dans des proportions modestes, puisque le montant du prix ne dépassait pas 5,000 francs. Vers le milieu du règne de Louis Philippe, les princes, ses fils, constituèrent un petit équipage et chassèrent assez régulièrement à Chantilly.

Napoléon III rendit à la vénerie une place presque aussi brillante qu'au siècle précédent. En 1870 le prince de la Moskowa remplissait la charge de grand-veneur, dans laquelle il avait succédé au maréchal Magnan : il était assisté du marquis de Toulongeon, premier veneur, du baron Lambert et du marquis de Latour-Maubourg, lieutenants de vénerie. Les équipages comprenaient 300 chiens, 150 chevaux et un personnel considérable. La cour impériale chassait à Saint-Germain, janvier, février et mars, à Rambouillet du 1er mai au 1er août, à Compiègne les deux mois suivants, à Fontainebleau le dernier trimestre de l'année. La plupart des princes de l'Europe ont pris part à ces réunions qui présentaient un caractère d'élégance, plus que de splendeur. L'empereur y manifestait une grande intrépidité, mais resta toujours un veneur assez médiocre. Un jour, à Fontainebleau, un vieux dix-cors avait été chassé si bon train que la plupart des chasseurs, y compris l'Empereur, n'avaient pu suivre que de très loin. Au moment de l'hallali, l'animal fit tête aux chiens et en blessa plusieurs ; il se défendit avec tant d'acharnement que les piqueurs virent le moment où la meute serait durement éprouvée avant l'arrivée de Sa Majesté. Sans plus attendre ils le servirent donc d'un coup de couteau ; et, comme au même instant on annonçait enfin l'arrivée de l'Empereur, ils résolurent de donner à celui-ci l'illusion d'avoir achevé l'animal. Ils appuyèrent le cadavre contre un rocher dans l'attitude d'un animal tombé mais vivant encore et présentèrent une carabine à l'auguste chasseur. Celui-ci mit en joue et... tua le meilleur chien de la meute. Le prince Napoléon montrait, de son côté assez de goût pour le sport. Il possédait un équipage de daims et essaya de réimporter en France les *bloodhounds*, que l'on considère comme les anciens chiens de Saint-Hubert transplantés en Angleterre. M. Pierre Pichat lui en acheta une dizaine de beaux spécimens qui auraient pu servir de base à la reconstitution de la race : malheureusement cet essai n'a pas été poursuivi.

Depuis la chute de l'Empire, les chefs de l'État n'ont point chassé à courre. Les tirs de Marly et de Rambouillet ont vu se succéder des fusils de différentes adresses et des hôtes d'importance inégale. Faire le récit des chasses présidentielles ne rentre pas dans les limites de notre sujet.

LES
RÉGIONS CYNÉGÉTIQUES

On peut diviser la France en six grandes régions qui présentent au point de vue cynégétique, des caractères distincts et nettement définis. Les *Environs de Paris*, correspondant à peu près à l'ancienne Ile de France, avaient le privilège des chasses de la Couronne ou des Princes du sang Royal. Cette région a pour limites bien marquées le cours de l'Oise et celui de l'Aisne, les plaines de la Champagne, les plateaux de la Beauce. Elle offre une incomparable variété de forêts, riches en gibier, percées de routes nombreuses, toujours intéressantes, quelquefois difficiles, jamais dangereuses à parcourir. Les défrichements, l'extension de la chasse à tir ont fait abandonner par la vénerie quelques-unes de ces sylves : Saint-Germain, Marly, Sénart, Armainvillers, Crécy ;

mais les plus nombreuses, les plus vastes lui restent ouvertes. Est-il besoin de parler de leur beauté ? Elles ont inspiré les artistes, elles sont admirées par d'innombrables promeneurs. Elles constituent un cadre merveilleux pour les chasses dont elles sont le théâtre et leur donnent un caractère qu'on ne rencontre nulle part ailleurs.

La Région du *Nord* s'étend de la Basse-Seine jusqu'à la vallée de la Meuse. Elle comprend la Haute-Normandie et la Picardie, dont les forêts ont beaucoup de points de ressemblance avec celles de l'Ile de France, et, ayant fait partie jadis d'apanages princiers, sont assez bien aménagées ; mais le parcours en est moins facile en raison du climat plus sujet aux intempéries ainsi que de la nature et de la configuration du sol ; plus au nord vient la Thierache au caractère sauvage, retraite favorite du sanglier, riche en marécages, en taillis touffus, dure pour le chasseur.

Dans l'*Ouest*, la la chasse cesse d'être un plaisir de grand seigneur pour devenir l'occupation, pour ainsi dire obligée, de la vie du gentilhomme campagnard. Nous y trouvons d'abord, la Normandie et le Perche, où ce caractère n'est pas encore absolument accentué, où les forêts sont nombreuses, vastes et bien percées ; mais le sol, ondulé en tous sens, souvent détrempé, y crée de sérieuses difficultés ; les débouchés sont très-pénibles, à travers une série de champs clos de haies touffues et de solides échaliers. A mesure qu'on s'éloigne de Paris, les bois se multiplient et ont des dimensions moindres : c'est la campagne tout entière qui constitue la forêt en Bretagne, dans le Maine, dans l'Anjou au dessus de la Loire ; ces conditions peu favorables au développement du cerf, ont amené la multiplication des équipages de chevreuil qui ont poussé à un haut degré de perfection leur difficile et intéressante spécialité. Au sud de la Loire, le Bocage a la même physionomie, mais les massifs forestiers atteignent plus d'étendue, surtout vers les confins du Berry et de la Touraine.

Le *Midi* est moins favorisé ; les équipages y sont plus rares. Il ne présente d'ailleurs pas l'unité de physionomie des autres régions. Le Périgord renferme des forêts assez vastes, ayant à peu près le même caractère que celles du Limousin : sol accidenté, raviné, souvent marécageux, végétation luxuriante plutôt que belle, absence complète d'aménagements en vue de la chasse. En Guyenne et en Gascogne, les massifs deviennent plus ouverts, mais aussi moins pittoresques ; au lieu de futaies ou d'impénétrables taillis de chênes et de hêtres, nous voyons des parties clair-semées, arides, où règnent les bruyères et les arbres verts et où le gros gibier est une rareté. La région pyrénéenne a aussi sa physionomie intéressante pour le touriste plus que pour le chasseur. Quant au Sud-Est, ce n'est pas précisément une terre promise pour les disciples de Nemrod : tout le bassin inférieur du Rhône offre un étrange contraste entre des terroirs d'une fertilité extrême, livrés à la culture, et de vastes étendues désolées, où le gibier, — le gros principalement — ne sau-

rait trouver sa subsistance. Les quelques grandes forêts qu'on y rencontre recouvrent, en général, des régions peu accessibles, dans les Alpes ou les Cévennes et opposent aux veneurs des difficultés presque insurmontables.

La région du *Centre* présente dans son ensemble de grandes facilités pour la chasse. La Sologne est à cet égard, particulièrement favorisée : végétation peu épaisse, sol à peine accidenté, remises nombreuses pour le gibier. Aussi y compte-t-on de nombreux équip ges de tout genre. Le Berry et le Bourbonnais, pour être moins riches, possèdent cependant de vastes forêts dont le caractère est analogue. Celles de la Touraine sont moins étendues mais beaucoup plus belles ; à cette province privilégiée il ne manque rien ; elle est le jardin de la France ; elle en est l'une des meilleure contrées de chasse. Le pays s'accidente aux deux extrémités de la région : en Limousin et en Nivernais. Les collines y deviennent parfois de véritables montagnes, très-pittoresques mais d'un parcours pénible. Toute la partie de la Haute-Vienne qui confine à la Creuse est boisée, sauvage, giboyeuse et certaines forêts du Morvan ne le cèdent en rien aux vastes et curieuses sylves bourguignonnes.

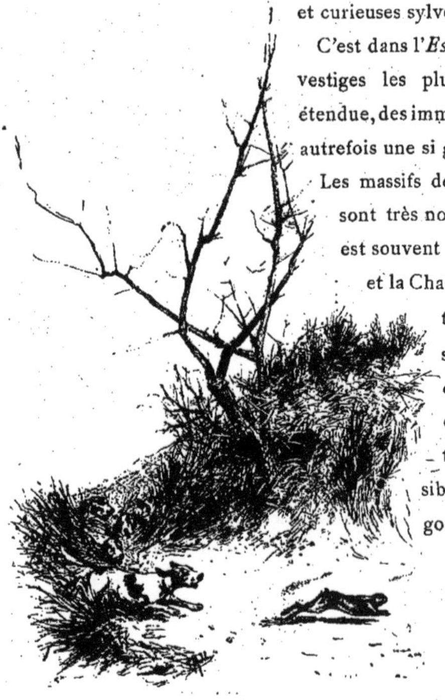

C'est dans l'*Est* qu'ont été conservés les vestiges les plus remarquables par leur étendue, des immenses forêts qui couvraient autrefois une si grande partie de la Gaule. Les massifs de plus de 10,000 hectares sont très nombreux et la végétation y est souvent fort belle. La Bourgogne et la Champagne sont, l'une et l'autre, riches en gibier de toute sorte; les forêts y sont médiocrement percées, mais en bien des endroits, les taillis sont d'un accès possible, et les crus, chers aux gourmets, sont là pour rendre du cœur aux veneurs fatigués. En Lorraine, nous admirons cet épanouisement de verdure qui s'élève ds la Meuse jusqu'aux plus hauts sommets des Vosges; en Franche-Comté, l'industrie des paysans jurassiens a réduit davantage le domaine des fauves, mais elle leur a laissé encore de profondes et superbes retraites: les veneurs pourraient encore y découpler, sans trève ni merci, sur le loup et le sanglier, s'ils ne préféraient, surtout depuis quelques années, le pourchasser à coups de carabine.

LES ÉQUIPAGES

DES

ENVIRONS DE PARIS

L'ÉQUIPAGE de *Bonnelles*, à madame la duchesse d'Uzès, mérite à tous égards d'être cité en premier rang. Il a le privilège, unique en France, d'être dirigé par une femme et celle-ci ne porte-t-elle pas l'un des plus illustre noms de la vieille aristocratie nationale ? Cet ouvrage n'est pas une galerie de portraits, mais comment résister à l'attrait d'esquisser quelques lignes de cette gracieuse et sympathique figure?

Tout Paris la connait, l'ayant vue à l'œuvre chaque fois que la bienfaisance était en cause. Et comment oublier cette toile, exposée à l'un des derniers salons, où la duchesse était peinte, à mi-corps, en amazone avec le classique « lampion » galonné d'or et orné d'une chicorée noire, posé fièrement sur le front pur et expressif. Mais, pour la juger plus complètement, il faut animer cette image, il faut voir la chasseresse, sous les ombrages de Rambouillet, dirigeant elle-même son équipage, donnant à tous l'exemple de l'entrain et de l'intrépidité. Elle monte en général, de grands chevaux de trois-quarts

sang, bien établis, marchant très bon train et surtout d'un fond à toute épreuve. Non contente de suivre la chasse, elle se plait souvent à faire elle-même le bois, rude tâche que peu de veneurs masculins sont en état d'accomplir. Protégée par une jupe en drap épais et très-courte, elle va, de grand matin, relever les voies des animaux sur le bord des enceintes; elle connait, dans tous ses détails, l'art de faire travailler le limier et aucune particularité, relative aux cerfs de divers âges, n'échappe à son œil exercé. Madame la duchesse d'Uzès nous saurait mauvais gré d'insister sur les mérites rares que la Société parisienne apprécie unanimement en elle, mais elle nous permettra sans doute d'applaudir au talent de « Manuela » qui a eu la consécration des critiques d'art les plus autorisés. Elève de Bonnassieux, l'éminent sculpteur, elle a exposé, pour la première fois, en 1885, deux ravissants bustes de marbre, ceux de Mlles de la Trémoille et de Fougères ; et depuis cette époque, elle n'a cessé d'envoyer aux divers salons des œuvres de grande valeur. L'une d'elles, *Saint-Hubert apercevant la vision miraculeuse* est destinée à l'Eglise du

Sacré-Cœur de Montmartre ; digne hommage au patron de la Vénerie, de l'une de ses fidèles. En la reproduisant en tête de notre étude, nous avons été heureux de pouvoir satisfaire à la fois les amis du grand art et ceux de la chasse.

Le château de Bonnelles est situé à 17 kilomètres au sud-est de Rambouillet. Madame la duchesse d'Uzès possède tout autour, 3000 hectares de bois ; en ajoutant la location de la forêt domaniale de Rambouillet (13800 hectares) et de divers bois particuliers (700 hectares environ) elle s'est ainsi constitué un immense et magnifique terrain de chasse. Le sol y est excellent, les percées nombreuses. Le paysage et la végétation n'offrent pas les beautés exceptionnelles de Fontainebleau ou de Compiègne, mais les étangs qui coupent la forêt, les boqueteaux qui la prolongent dans la direction des Yvelines fournissent des éléments de variété très précieux et donnent lieu à d'intéressantes péripéties.

La meute comprend quatre-vingt-dix bâtards vendéens au manteau noir et feu. Les chiens sont le résultat du croisement d'étalons de pur-sang anglais avec des lices vendéennes qui proviennent elles-mêmes d'un mélange de l'ancien sang Vendéen avec le Saintongeais et le Poitevin. Les plus beaux spécimens ont été tirés du canton de Poiré, près la Roche-sur-Yon, terre classique de cet élevage. Des croisements ultérieurs ont été faits aux chenils de la Celle-les-Bordes et ont donné lieu à la meute actuelle, remarquable par l'harmonie de son ensemble et la beauté de ses principaux sujets. Toutes ces qualités lui ont valu le Prix d'honneur à l'Exposition canine de 1885, récompense justifiée entre toutes.

Le premier piqueur Armand, est un excellent veneur qui a beaucoup contribué aux bons résultats de cet élevage et tient les chiens tout-à-fait sous le fouet. Depuis sa création, l'équipage a pris près de cinq cents cerfs ; en deux heures, trois au plus, il vient en général à bout des plus résistants.

Tenue : habit rouge avec parements, pattes de poche et collet bleus, galonnés à la Bourgogne ; culotte bleue ainsi que le gilet, orné de galons de vénerie ; sur le bouton, une tête de cerf et la légende : Bonnelles.

Enumérer les hauts personnages qui, depuis dix ans, ont suivi les chasses de Rambouillet serait passer en revue toutes les familles princières de France et d'Europe. Nous nous bornerons à citer les habitués les plus fidèles de ces magnifiques réunions: Le duc de la Trémoïlle, la duchesse de Luynes et son fils le jeune duc de Luynes, le marquis d'Houdetot, le duc de Plaisance, le duc de Maillé, M. de la Haye Jousselin, M. de Saulty, le vicomte et la vicomtesse Charles de Larochefoucauld, la vicomtesse Chandon de Briailles, le marquis et la marquise de Sesmaisons, MM. Le Harivel, Mallet, Roger de Chabrol, le comte de Breteuil, le baron de Fougères, etc.

Quand les forêts de l'ancienne liste civile furent mises en adjudication, après les événements de 1870, le vicomte Aguado afferma le droit de chasse à *Fontainebleau* et le conserva pendant plusieurs années. Depuis 1880, la location a été divisée entre M. Michel Ephrussi pour le cerf et le vicomte Henri de Greffulhe pour le sanglier; son co-locataire lui a cédé, en outre, le droit de prendre 15 cerfs par an.

L'équipage de *M. Ephrussi* compte 60 chiens, anglo-vendéens, tricolores, de 23 pouces, remarquables par leur uniformité. Ils tirent leur origine du chenil de M. de Béthune ; les plus beaux produits résultent du croisement de *Talbot* avec *Lucrèce*, l'un superbe vendéen noir, de 25 pouces, bien connu des habitués de Fontainebleau pour figurer toujours en tête de la chasse et rivaliser de vitesse avec les *foxhounds* les plus rapides, l'autre, jolie anglaise, très-près de terre, fine, au museau allongé, ardente à la chasse et dure à la fatigue. Une habile sélection ne cesse pas d'améliorer chaque jour l'ensemble de la meute et d'y développer les qualités de train et de résistance également indispensables: on doit en effet, remarquer que si la forêt est bien percée et peu accidentée, le sol sablonneux échauffe facilement les pieds des chiens et détermine l'usure rapide des sujets médiocres ; les nombreuses lignes de rochers qu'il faut traverser incessamment sont aussi une cause très sérieuse de fatigue.

Naguère installé aux Basses-Loges, sur la route de Valvins, le chenil a été, depuis trois ou quatre ans, transféré à Avon, à la porte même de Fontainebleau.

Il est établi avec beaucoup de luxe et une rare entente de tous les détails. Là sont aussi les écuries, remarquablement aménagées. Elles renferment 15 chevaux irlandais, râblés, bâtis pour galoper indéfiniment, d'un bon train, dans les longues percées, au sol bien élastique, de la forêt. La direction des écuries a longtemps été confiée à un écuyer habile, Edouard, de l'ancienne vénerie impériale. M. Ephrussi semble avoir à cœur de recueillir les débris des équipages princiers mutilés par les vicissitudes politiques : il a engagé depuis deux ans, Hourvari, ancien premier piqueur du duc d'Aumale.

Le chenil d'Avon renferme souvent des ani-

maux, recueillis dans la forêt presque à leur naissance et élevés au milieu des chiens sans se douter qu'ils sont en pays ennemi. Tels les deux marcassins de lait, pris alors qu'ils étaient gros comme le poing, élevés au biberon et baptisés des noms très-humains de *François* et de *Pierre*: leur dressage avait fort bien réussi et nous avons vu un des porte-trompes de l'équipage, Forget, faire obéir *François*, devenu grand, comme un vrai chien savant. Les bêtes noires ont eu assez longtemps pour compagnon de captivité un daguet capturé en plein Fontainebleau, dans la rue Saint-Merry : il fut si bien apprivoisé qu'on le fit paraître sur la charmante scène d'amateurs de la villa Bellune et qu'il tint son rôle à merveille — il est vrai qu'il devait s'attacher aux pas d'une si gracieuse déesse qu'une irrévérence eût été impardonnable.

La tenue de l'équipage est l'habit écarlate, avec parements de velours bleu, galons de vénerie ; le gilet et la culotte de drap bleu ; cape noire. galonné d'or, avec revers de velours bleu. Sur le bouton une tête de cerf qu'entoure une jarretière portant : *Rallye Franchard*. Parmi les veneurs ayant le bouton, nous citerons : MM. Dollfus, le comte Le Marois, le comte de Gontaut, le comte de Gramont d'Aster, le baron de Neuflize, le Marquis de Las Marismas. G. Brinquant-Dollfus-Davillers. Depuis son premier laisser courre (19 octobre 1880), *Rallye Franchard* a compté une série ininterrompue de succès : sa moyenne de prises dépasse trente cerfs par saison.

Le comte *Henry de Greffülhe* a un vautrait de 50 fox-hounds et, pour le cerf, un équipage de bâtards Vendéens et Poitevins d'importance égale. Les meutes sont installées dans le magnifique chenil du Château de Bois-Boudran, près Nangis. Là est la résidence principale du comte de Greffühle qui possède, à l'entour, une des plus vastes terres de France. Tout à proximité est la forêt domaniale de *Villefermoy*, beau massif de 3000 hectares, dont il a affermé la chasse, et qui vient compléter l'ensemble de ses bois particuliers.

Il peut ainsi chasser alternativement autour de Bois-Boudran ou à Fontainebleau qui n'en est guère distant de plus de 20 kilomètres. Dans ce dernier cas, il vient souvent s'établir dans le ravis sant château de La Rivière, enclavé par la forêt et dominant le cours de la Seine. Les habitants de Fontainebleau sont toujours heureux de l'y voir : ils savent reconnaître l'intérêt qu'il n'a cessé de porter à leur ville et l'ardeur qu'il a déployée pour en développer les attraits. Ce sont traditions de famille déjà anciennes. Dès 1841, le comte Charles de Greffühle avait organisé à Fontainebleau des chasses suivies par les princes d'Orléans. C'est à l'initiative du comte Henri de Greffühle qu'est due la création, en 1882, de la *Société de Sport* dont il est le président et qui organise annuellement à Fontainebleau, à Vincennes, à Achères et à Deauville une douzaine de journées de courses très appréciées des *gentlemen-riders* et des officiers. La ravissante comtesse de Greffühle, née

Caraman-Chimay, seconde son mari avec une grâce parfaite, dans ces réunions mondaines ou sportives : elle est une amazone intrépide.

La tenue de l'équipage est tunique bleue, avec parements noirs, culotte bleue, gilet jaune clair tête de sanglier et le nom *Bois-Boudran* sur le bouton. Un assez grand nombre de sportsmen portent ces couleurs : MM. le baron Hottinguer, le comte de Gramont, Ephrussi, le comte de Galard, G. de Borda, Edgard Gillois bien connu pour ses succès hippiques, Léon Talabot, Avril, Martin du Nord.

Les laisser-courre de la forêt de Fontainebleau ont été contrariés depuis deux ans, par une série de tristes circonstances. Un deuil a forcé le comte de Greffülhe à laisser ses chiens au repos depuis la saison 87-88 : il a cédé la place au vautrait du duc de Gramont, *Rallye-Bersay*, dont nous parlerons dans un autre chapitre. L'excellent équipage a vigoureusement traqué les ragots de la forêt. M. Ephrussi a également interrompu ses chasses en raison de la mort de sa fille, et a vendu une vingtaine de jeunes chiens. *Rallye-Bersay* a continué la série de ses performances, s'attaquant cette fois, alternativement au cerf et au sanglier — avec un égal succès.

Ce ne sont du reste que des interruptions momentanées. Les deux équipages ont été tenus en haleine, par des laisser-courre éxécutés, le matin, sous la direction des seuls piqueurs et quand ils seront découplés à nouveau, les cerfs du Bas Bréau et les solitaires de Franchard s'apercevront bien vite qu'ils n'ont rien perdu de leurs anciennes qualités.

L'expulsion de Mgr le duc d'Aumale a amené la disparition de l'équipage de *Chantilly*. Il tenait une trop grande place dans la vénerie pour que nous n'en disions pas quelques mots.

On sait qu'à la suite du décret de 1852 le Château des Princes de Condé avait dû être cédé aux banquiers anglais Coutts et Cie, pour le prix de onze millions. Pendant presque tout l'Empire, la *Société des Chasseurs de Chantilly* avait été locataire du droit de chasse et ses belles réunions cynégétiques sont restées dans la mémoire des veneurs.

Rentré en possession de son domaine, après 1870, Mgr le duc d'Aumale avait eu à cœur de faire revivre les traditions du palais dont il entreprenait la restauration.

Il avait constitué un équipage de cerf de soixante-dix chiens. C'étaient, en général, des *fox-hounds*, de grande taille, à la poitrine profonde aux membres larges et bien musclés ; ils étaient achetés en Angleterre et choisis avec un soin extrême. La tête de meute comprenait dix limiers qui étaient au contraire de sang poitevin à peu près pur. On y remarquait *Royale*, lice de pur-sang, de construction parfaite qui ne manqua jamais ni une chasse, ni une quête, *Verbaleau*, son fils, de race presque pure, solide et bien râblé, *Fanfareau*. un sept-huitième de sang poitevin un peu plus grêle, mais ayant beaucoup de train et de fond.

Le prince possédait en outre une petite meute de vingt *beagles* tricolores de dix-sept à dix-huit pouces pour chevreuil. Dans les écuries de chasse, on ne comptait pas moins de trente-deux chevaux de demi-sang, du type des *hacks*, importés presque tous d'Angleterre. Le capitaine Quiclet avait la direction des équipages.

La tenue était bleu de roi, avec culotte blanche botte à revers, cape en velours noir; pour les piqueurs, la tunique était accompagnée de galons de vénerie en argent, la culotte bleue.

Le bouton d'argent portait une botte de limier avec un O au milieu.

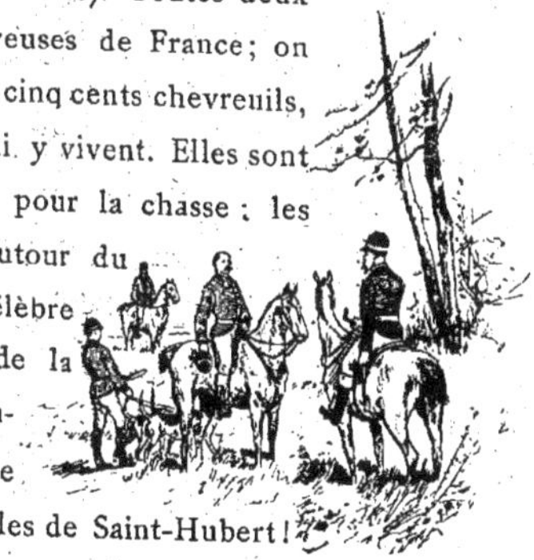

Vaste de 2500 hectares, la forêt de Chantilly est prolongée, au-delà de la route de Senlis par celle de *Pontarmé* (1200 hectares). Toutes deux sont parmi les plus giboyeuses de France; on estime à deux cents cerfs et cinq cents chevreuils, le nombre des animaux qui y vivent. Elles sont admirablement aménagées pour la chasse: les douze routes rayonnant autour du carrefour de la *Table*, le célèbre rendez-vous, les étangs de la Commelle, les sauvages parages du Mont Pô, que de souvenirs chers aux disciples de Saint-Hubert! Ces deux forêts étaient la propriété du Prince; il affermait, en outre, à l'Etat, *Ermenonville*, un massif d'étendue un peu moindre mais bien intéressant, sauvage, semé de roches, de bruyères et de landes, ainsi qu'une série de boqueteaux appartenant à divers particuliers.

C'est peu de temps après l'expulsion, à la fin de juillet 1886, que l'équipage a été dispersé aux hasards de l'enchère. Triste journée qui avait réuni tout ce que Paris compte de sportsmen et de veneurs ! La vente avait lieu sur la pelouse de l'*Ebat*, devant les Grandes-Ecuries. Elle a été très-fructueuse pour les chevaux de chasse, dont les prix ont varié de 2000 à 4400 francs. Personne n'ayant couvert la mise à prix de 8000 fr., pour la meute entière, les chiens ont été vendus par couples et adjugés, fort bon marché, à un grand nombre d'acquéreurs. Les prix extrêmes ont été 50 et 390 francs; presque tous les couples ont été payés entre 100 et 200 francs. MM. Merle et Gravier ont acheté, chacun huit chiens; MM. de Taisne et Poiret, chacun six; les autres amateurs se sont contentés

d'un couple à titre de souvenir. La meute de *beagles* a été conservée pour être expédiée en Angleterre.

Nous parlerons, dans un autre chapitre, du vautrait du Prince de Joinville qui résidait à Chantilly pendant une partie de l'année, et qui continue à y posséder une installation, simple mais confortable, dans l'aile gauche des Grandes Ecuries. Ces divers équipages trouvaient toute la place nécessaire dans les bâtiments immenses qui abritaient naguère les fameux équipages des ducs de Bourbon.

Le retour du prince sera-t-il suivi de la reprise des laisser-courre? Ce serait la plus douce satisfaction pour les disciples de Saint-Hubert. Mais la reconstitution d'un équipage n'est pas chose facile et qui puisse s'opérer en un jour : ce n'est pas une simple question d'argent et l'on doit craindre que le duc d'Aumale ne renonce à entreprendre une œuvre dont il a déjà vu la destruction.

Pendant la saison 1886-1887, le *Marquis de Maillé*, venu d'Anjou pour chasser à Compiègne a également effectué des laisser-courre en Chantilly et Ermenonville. Il a ensuite repris la location du cerf dans cette dernière forêt, en association, avec le vicomte Gaëtan de Chézelles. Son équipage chasse très régulièrement et est fort bien créancé. L'abondance des animaux rend pourtant la tâche difficile : nous avons vu une harde de vingt-cinq cerfs ou biches courir parallèlement à la chasse, sans qu'un seul des chiens prît le change ; l'hallali fut sonné avant deux heures.

Depuis dix-huit mois, une partie de la forêt de Chantilly a été affermée à M. Servant; dans le reste qui forme le plus gros morceau, l'équipage de Chézelle a fait un petit nombre de chasses, couronnées d'un grand succès.

Après avoir longtemps pourchassé les bêtes noires de Villers-Cotterets, *M. Servant* a abandonné le théâtre de ses premiers exploits. Il a, au commencement de 1887, affermé la partie de la forêt de *Chantilly* entre les chemins de fer du Nord et l'Oise, ainsi que les massifs attenants, forêt du Lys et bois de Bonnet. Il possède aussi le droit de chasse dans les forêts de l'*Isle Adam* (1600 hectares) et de *Carnelles* (1000 hectares), et enfin sur l'autre rive de l'Oise, dans celle de *Tour du Laye*. L'ensemble constitue pour lui l'une des plus belles chasses des environs de Paris : variété des sites, abondance du gibier, facilité des parcours, communications rapides et nombreuses avec la capitale rien n'y manque.

Le vautrait de M. Servant comprend cinquante *Stag-hounds*, c'est-à-dire une variété de *fox-hounds*, poussés en taille et fortement charpentés : la question de savoir si l'on doit y voir une race à part est de celles qui diviseront toujours les écrivains cynégétiques ; elle n'a pas, croyons-nous, grande portée pratique. En tout cas, la meute de M. Servant est remarquable par son homogénéité et tout le monde a applaudi à la haute distinction dont elle a été l'objet à l'exposition canine de 1886 : le prix d'honneur. Plusieurs sujets furent jugés très remarquables et obtinrent des récompenses individuelles : *Perray*, prix d'honneur, *Malva*, médaille de vermeil, *Bois Brûlé*, médaille d'argent. Les chiens de M. Servant sont uniformément tricolores ; ils se font remarquer par leur tête légère, leur encolure longue et détachée, leur rare distinction. Ils sont tous achetés en Angleterre : des courtiers vont les chercher dans les meilleurs chenils et les choisissent d'après les indications très précises du maître d'équipage: tout sujet, qui ne répond pas absolument aux conditions exigées est refusé sans hésitation... Actuellement la plupart des jeunes chiens nés au chenil ont pour auteur *Montjoie*, splendide étalon primé en 1881.

M. Servant possède aussi un équipage de cerf — bâtards poitevins — qu'il a formé plus récemment et qui compte déjà de beaux succès à son actif. Une chasse particulièrement palpitante a eu lieu au commencement de mars 1888. Un dix-cors suivi très vigoureusement est venu prendre l'eau dans les étangs de la Reine Blanche, encore couverts d'une mince couche de glace. Celle-ci s'étant brisée sous le poids, une partie de la meute s'est trouvée prise, assez loin du bord, dans les eaux glacées et *Bois Brûlé*, l'un des meilleurs limiers, s'est noyé. Ce

n'est qu'au prix des plus grands efforts qu'il fut possible de sauver les chiens et de servir l'animal.

Le personnel de l'équipage s'élève à trois piqueurs à cheval et quatre valets à pied. Les couleurs sont : rouge et noir. Sur le bouton, un sanglier courant et la devise « Servant-Servant ».

Parmi les veneurs les plus fidèles à ces laisser-courre, nous citerons MM. Ch Berthier, Moreau, Paul et Pierre Lebaudy, comte de Valon, comte d'Yanville, Vicomte de Mareuil, H. de Laporte, M. Mme Renard, Masson, Tavernier, vicomte et vicomtesse Vigier, Pépin Lehalleur, prince de Chimay, Lebey, Laveissière.

MM. *Ménier* ont marché (c'est le cas de le dire, en cette matière) au contre pied de M. Servant. Ils ont formé, en 1887, un équipage de cerf, et débuté dans la forêt l'Isle Adam Mais ils l'ont bientôt abandonnée pour celle de Villers-Cotterets, plus vaste et plus riche en gibier. Depuis 1881, date de ce changement, ils ont effectué un nombre de prises toujours croissant : le 3 avril 1888, ils fêtaient leur deux centième hallali.

La forêt de Villers-Cotterets (ou de Retz) est l'une des plus remarquables de l'Ile de France, par ses sites pittoresque ses hautes futaies, ses taillis touffus. On y rencontre à chaque pas des souvenirs historiques ou légendaires, terrifiants ou gracieux : la *Cave du Diable* et sa tour démolie, le

Chêne du Roi ou *des Truands* contemporains de Charlemagne, les *Quatorze Frères*. François Ier, Henri IV, les ducs d'Orléans, le prince de Condé ont, tour à tour, fait retentir ces sombres échos du bruit joyeux des hallali. MM. Ménier ne pouvaient choisir un plus beau domaine de chasse ; ils ont fait construire, à Villers-Cotterets même, dans une rue qui conduit à la forêt, une belle villa qui leur sert de résidence et à laquelle sont annexées toutes les dépendances nécessaires à un grand équipage.

La meute de MM. Ménier comprenait au début un mélange de *fox-hounds* tirés directement d'Angleterre et de bâtards poitevins provenant de lices du Haut Poitou cédées par M. Servant. Elle compte actuellement cent chiens, tous nés au chenil de Villers-Cotterets et obtenus par d'heureux croisements entre les types primitifs. Beaucoup de veneurs estiment que le plus avantageux pour un équipage, c'est de se recruter lui-même ; les qualités propres à une race ou à une variété se modifient en effet avec le terroir et ce n'est qu'à la longue que l'on arrive à les adapter aux conditions de celui-ci de la manière la plus parfaite.

A chaque chasse on découple de cinquante à soixante chiens ; Hubert, premier piqueur, le dirige avec une grande habileté : il est assisté de quatre valets de limier, quatre valets de chiens à cheval, quatre hommes à pied. L'installation du chenil et des écuries, qui peuvent contenir trente-cinq chevaux, est organisée avec beaucoup d'entente. La cour d'ébats est un vaste terrain planté d'arbres, d'une contenance d'un hectare au moins ; le chenil, situé à l'une des extrémités, est un bâtiment de style simple, mais très bien aménagé, Au rez-de-chausséc est une salle de vingt mètres sur quinze, dont la grande face est occupée tout entière par le *banc*. Des dispositions spéciales assurent la surveillance continuelle des hommes de garde, l'isolement des lices pendant la période d'allaitement, etc.

Tenue : habit rouge à la française, avec galons de vénerie, gilet pareil, culotte de velours bleu. Le bouton porte, d'argent sur champ d'or un cerf passant dans un M. Les hommes à pied ont la veste rouge galonnée, la culotte bleue et les guêtres de cuir, les hommes de suite, la veste de velours bleu à côtes et les guêtres pareilles, la casquette plate avec cor de chasse en or.

C'est M. Henri Ménier qui remplit le rôle de chef d'équipage; mais ses frères suivent aussi très assidûment les laisser-courre. Les uns et les autres s'adonnent avec ardeur à tous les sports. Ils ont autour de leur splendide résidence de Noisiel une des chasses à tir les plus belles de France. Ils cultivent le yachting dans des conditions exceptionnelles; on se rappelle les voyages de la *Némésis* dans les mers arctiques. Enfin, M. Albert Ménier avait, à l'instar de M. Molier, inauguré à Neuilly un cirque d'amateurs qui lui valut un grand succès mondain.

Comipègne a vu se succéder, ces dernières années, plusieurs équipages. Le marquis de l'Aigle a cessé en 1885, d'y chasser le cerf : il y avait plus de cent ans que ce droit appartenait à sa famille et lui-même depuis un demi-siècle en avait brillamment continué les traditions. Le nouvel adjudicataire, le marquis de Lubersac a fourni une carrière trop tôt interrompue en plein succès.

Il avait formé un bel équipage au moyen de chiens provenant de l'ancien chenil de Chézelles, jolis bâtards, bien gorgés et collés à la voie. Malheureusement après une seule saison de chasse, il a dû au mois de septembre 1886, faire abattre sa meute, en raison de plusieurs cas de rage qui s'y étaient manifestés. Le marquis de Maillé est alors venu en novembre 1886 prendre sa place pour la saison ; puis se transportant à Ermenonville et à Chantilly, il eut pour successeurs le vicomte de Gaëtan de *Chézelles* et M. *Olry* dont les équipages chassent alternativement le cerf avec un égal succès. Le comte de Chézelles a une meute de chiens très près du sang, vites et donnant beaucoup de voix, issus presque tous du *pack* du duc de Beaufort : Gauvain, premier piqueur, les dirige avec beaucoup d'habileté. L'équipage effectue à l'arrière-saison un déplacement à Chantilly. Ses couleurs sont bleu et ventre de biche (poches, parements et revers). M. Orly débute au contraire par des déplacements en Normandie (forêt de Conches etc.) et arrive à Compiègne en janvier. La tenue est bleu de roi avec parements et gilet amaranthe. Les chasses de Compiègne sont suivies par le comte de Maillé, le comte Henry de Montesquiou Fezensac, le comte d'Hinnisdal, le baron de Mandell, M. Moreau etc. etc.

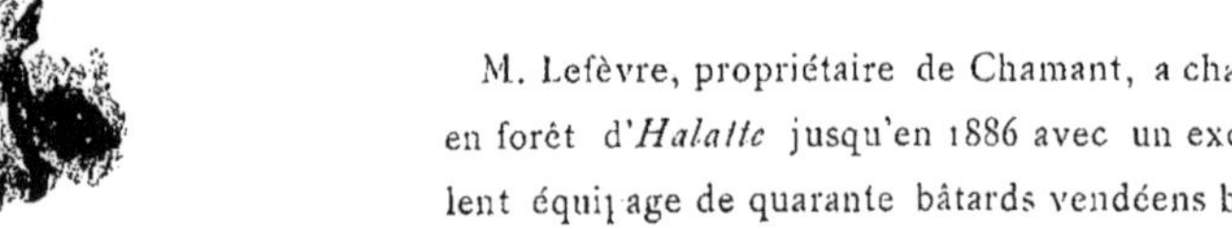

M. Lefèvre, propriétaire de Chamant, a chassé en forêt d'*Halatte* jusqu'en 1886 avec un excellent équipage de quarante bâtards vendéens bien disciplinés et remarquablement appareillés. C'étaient des animaux de grande taille, avec de belles voix, ne prenant jamais le change et d'un train toujours soutenu. La tenue était de drap gros bleu, à boutons d'or avec les revers en drap écarlate.

MONSIEUR Lefèvre a cédé maintenant la place à une Société de Sportsmen parisiens *Lyons-Halatte*, à la tête de laquelle est le comte Bertrand de Valon et dont les premiers fondateurs ont été le comte de Meffray, le duc de Morny, le comte de Monteynard, le vicomte de Montaignac. Parmi les autres veneurs assidus aux réunions, citons: MM. le comte de Salverte, Louis Soualle, grand propriétaire de Pont Sainte Maxence et cavalier de premier ordre, Guillemot, l'excellent peintre animalier, le comte de Saint-Roman, le baron Finot, comte de Berteux, G. Calmann Lévy, le vicomte de Chavagnac, le vicomte Pernetty, le comte Vigier, le baron de Montreuil, Guibourg, Versepuy, Eugène Moquet. Le nouvel équipage comprend soixante chiens très près du sang anglais dirigés par Darras et Quélin, deux bons piqueurs ; il est habituellement installé dans les bâtiments de l'ancienne vénerie de Chamant et chasse le cerf trois fois par quinzaine à Halatte, sauf au début de la saison où il fait un déplacement dans la forêt de Lyons, à proximité de Rozay, le château du comte de Valon.

La tenue est l'habit bleu galonné, avec gilet, revers et poches de velours grenat. Les dames de l'équipage portent l'amazone bleue avec habit Louis XV, galonné aux parements de velours grenat, et le lampion galonné d'or. Le bouton est d'or avec une tête de cerf en argent et l'exergue *Par monts et par vallons*.

Le vautrait de M. Jacques *Stern* alterne avec l'équipage précédent, de façon qu'il y ait à Halatte trois réunions par semaine, consacrées soit au cerf, soit au sanglier. Il est installé à Fleurines, charmant village au centre de la forêt ; c'est le rendez-vous habituel des veneurs parisiens qui suivent les chasses de l'un ou de l'autre équipage. M. Stern, qui habite, à la porte de Clermont, le beau château de Fitz-James, chasse surtout dans les environs de Beauvais et sera l'objet de plus complets détails au chapitre suivant.

LES CHASSES DU NORD

QUAND on a traversé l'Aisne, au débouché de la forêt de Compiègne, on pénètre dans une région boisée, très favorable à la chasse : la forêt de *Laigue*, puis les bois de *Carlepont* et la forêt d'*Ourscamp* formant à quelques kilomètres plus loin un massif d'étendue un peu moindre. L'ensemble occupe une superficie de 5,500 hectares — non compris le territoire cultivé et parsemé de boqueteaux, qui interrompt la continuité des bois. C'est aujourd'hui le domaine cynégétique du *marquis de l'Aigle*, domaine remarquable par l'abondance du gibier, l'excellence du terrain, la multiplicité des percées : il y chassait déjà, quand il était adjudicataire de Compiègne. On constate, du reste, entre ces deux forêts — sauf les dimensions — la plus grande similitude ; les conditions y sont très favorables à la rapidité de la chasse, ce qui a sans doute déterminé la préférence du marquis de l'Aigle pour le sang anglais.

Il possède une centaine de *fox-hounds*, formant un équipage de cerf et un vautrait, d'importance à peu près égale. Tous les chiens sont de même provenance, et sont mis de bonne heure sur l'une ou l'autre voie. Franc-Port est la résidence habituelle du marquis de l'Aigle : château de grand style, merveilleusement placé sur les bords de l'Aisne. Avec son horizon que bordent de toutes parts les futaies de Compiègne et de Laigue, c'est la demeure indiquée d'un intrépide disciple de Saint-Hubert. Le chenil y est installé dans des conditions d'entente et de tenue très remarquables : le premier piqueur Renard, le dirige avec une rare habileté. Aussi la moyene annuelle des prises atteint-elle 20 à 30 cerfs et 40 sangliers — dont un quart environ, dix cors ou grands animaux.

La passion de la vénerie est héréditaire chez les

marquis de l'Aigle. Dès le dernier siècle, ils chassaient dans ces mêmes parages et c'est à peine s'ils interrompirent leurs prouesses pendant les plus mauvais jours de la Terreur. Le marquis Espérance de l'Aigle fut, ainsi que son frère, arrêté comme suspect, au moment où il allait attaquer; le 9 Thermidor vint heureusement le rendre bientôt à la liberté et dès le 10, il sonnait l'hallali d'un dix-cors.

Les chasses de Franc-Port sont suivies par le comte de l'Aigle, fils du maître d'équipage, le marquis de Ganay, MM. de Villeplaine, Mallet, Brinquant, Guillemot, de Devise. Les couleurs ont été longtemps marron et or; le maître actuel d'équipage leur a substitué le gris clair et l'amaranthe.

Bien différent est le caractère du massif *Saint-Gobain, Haute et Basse Forêts de Coucy*, où chasse le *comte de Brigode*. C'est un terrain des plus, accidentés, et, si les percées sont nombreuses elles deviennent de véritables marécages, à la suite des pluies d'automne; en outre, la forêt est

très sourde en raison des formes tourmentées du terrain et de l'épaisseur du taillis. Aussi est-il souvent malaisé de suivre les chiens, bâtards vendéens très près du sang anglais et *fox-hounds* de race pure, marchant grand train et donnant peu de voix. En basse forêt, on s'en tire assez bien : la chasse tourne très souvent autour du rond d'Orléans, rendez-vous habituel, d'où rayonnent de nombreuses et bonnes allées ; et quand un débuché se produit, soit vers la vallée de l'Oise, soit dans la direction de Carlepant, on a de belles prairies ou des plaines immenses où il fait bon galoper et où l'on apprécie fort le train de la meute. En haute forêt, la tâche est plus rude ; on est presque en pays de montagne ; les chevaux ont à peiner pour gravir les pentes du Mont Fortu ou les hauteurs du rond de Rumigny et de la Fontaine à la Goutte ; quand la chasse s'enfonce dans les régions marécageuses de la Vallée des Barges ou de Saint-Nicolas, c'est du diable, si on entend son passage à deux cent mètres.

Toutes ces difficultés n'empêchent pas le comte de Brigode de sonner l'hallali une vingtaine de fois dans la saison : nous ne comptons pas le déplacement de six semaines qu'il fait, en Haute Marne, soit au début, soit à la fin, chez le comte de Taisne, naguère son associé, maintenant son hôte et l'un des meilleurs veneurs Champenois.

Les chasses de Saint Gobain sont fort suivies par les propriétaires du Laonnois et les officiers d'artillerie de la Fère, elles attirent aussi beaucoup de sportsmen parisiens. Elles sont l'occasion de réunions très littéraires et très élégantes, au Château de Folembray, ce joyau de la Renaissance, célèbrepar les amours d'Henri IV et de Gabrielle. Madame la baronne de Poilly mère du Comte de Brigode, en fait les honneurs avec autant d'aménité que d'esprit.

Tenue: habit rouge, sans galon de vénerie, gilet col et parements bleus; sur le bouton, *Picard pi qu'hardy*, devise d'un cachet tout-à-fait original et qui caractérise bien ce district de la Picardie, célèbre dans nos annales, le Vermandois.

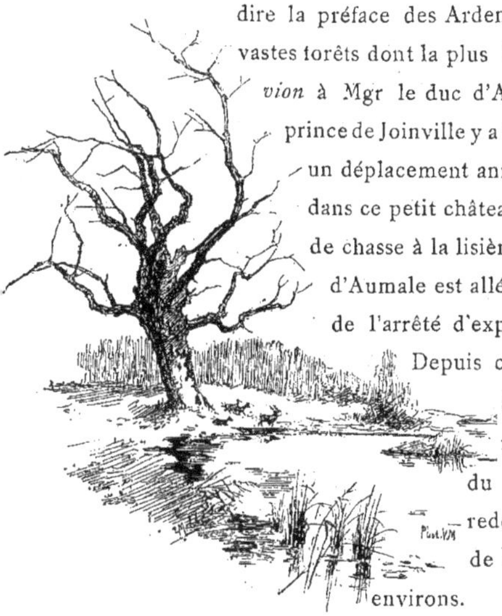

En continuant à remonter la vallée de l'Oise, nous atteignons la Thierache, qui est pour ainsi dire la préface des Ardennes. Elle renferme de vastes forêts dont la plus belle est celle du *Nouvion* à Mgr le duc d'Aumale : le vautrait du prince de Joinville y a fait, pendant longtemps, un déplacement annuel. On sait que c'est dans ce petit château, simple rendez-vous de chasse à la lisière des bois, que le duc d'Aumale est allé attendre la notification de l'arrêté d'expulsion qui le frappait. Depuis cette époque les chasses à courre ont été interrompues et les sangliers du Nouvion n'ont plus redouté que les carabines de quelques chasseurs des environs.

Un peu plus loin, nous serions en pleine Ardenne : mais la vénerie, au moins sur le territoire français, y a perdu de son importance et les noms, peu nombreux que nous avons à citer, trouveront mieux leur place au moment où nous promènerons nos lecteurs à travers les collines de l'Argonne et la vallée de la Meuse.

L'Artois est médiocrement favorisé. Dans ces grandes plaines, où la culture est pousée à un si haut degré d'avancement, la chasse à tir a presque seule droit de cité. Cette province a cependant tenu une certaine place dans la vénerie, par ses briquets dont la race est justement célèbre. « Ces chiens, dit Sélincourt, que tenaient les Seigneurs, de Picardie étaient les meilleurs qu'on ait jamais vus courre le lièvre en tout pays ; car il étaient justes à la voie, requêtant merveilleusement et rapprochant un lièvre passé d'une heure dans les sècheresses ; ils avaient de belles gorges et des voix hautaines qui se faisaient entendre extrêmement loin ; c'étaient des chiens qui chassaient le loup comme le lièvre et ne voulaient point de renard. » Mais la race elle-même s'est altérée : les briquets, jadis blancs et jaunes sont souvent tricolores, par suite de l'infusion du sang étranger ; ils conservent comme traits caractéristiques, la tête courte et large du haut, l'œil gros, les oreilles longues et plates, le rein large, la queue fournie, les pattes fortes; leur taille ne dépasse pas 55 centimètres.

A mesure que se réduisait l'importance des forêts, le nombre des meutes y a bien diminué et c'est à peine si nous pouvons en signaler quelques unes.

Le baron *Coulombel* chasse le lièvre en forêt de *Hesdin*. Fort bien conduits par l'excellent piqueur la Futaie, les vaillants briquets ne se contentent pas de forcer un bouquin en cinq quarts d'heure. A l'occasion, ils ont été découplés avec succès sur le sanglier. Une chasse particulièrement intéressante, la saison dernière : ils avaient affaire à un animal de deux cents qui se défendit vigoureusement et au ferme blessa mortellement plusieurs d'entre eux; malgré tout, ils le portèrent bas en deux heures et demie. Cet hallali émouvant eut lieu devant le château de M. de Calonne, l'un des compagnons assidus de chasse, du maître d'équipage. Malheureusement les bêtes noires dispa

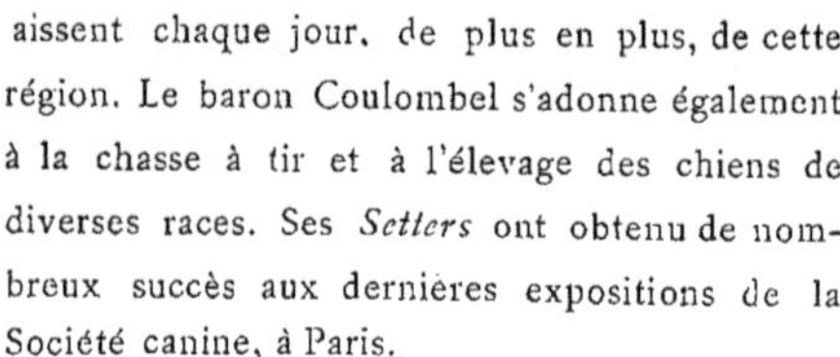

aissent chaque jour, de plus en plus, de cette région. Le baron Coulombel s'adonne également à la chasse à tir et à l'élevage des chiens de diverses races. Ses *Setters* ont obtenu de nombreux succès aux dernières expositions de la Société canine, à Paris.

A quelque distance de là, auprès de Saint-Hubert du Fressin, ancienne propriété du baron Seillère, *M. Vallon* fait quelques jolies chasses au sanglier. Elles sont suivies par MM. le comte de Carné-Trécesson, le baron du Manoir, Guyot, le capitaine du Ribert, de Mougeot, de Watme, le vicomte d'Hébrard, le vicomte d'Auvigny.

Mentionnons enfin, près de Béthune, l'équipage de M. *Gosse de Gorre*, composé de chiens de Saintonge.

Revenons vers la Picardie dont nous avons déjà traversé, à Saint Gobain, la pointe extrême. Nous y trouvons un important vautrait à M. du *Maisniel, comte d'Applaincourt*, lieutenant de louveterie de l'arrondissement d'Abbeville.

Issu d'une très ancienne famille picarde, où la vénerie est depuis longtemps en grand honneur, il en soutient brillamment les traditions : les châteaux de Canchy et de la Triquerie, résidences des comtes d'Applaincourt, ont toujours abrité des équipages à courre, bien constitués et conduits avec succès.

Le vautrait chasse habituellement dans la forêt domaniale de Crécy-en-Pouthieu, (voisine du fameux champ de bataille), dont le comte d'Applaincourt est le fermier. En raison du manque d'animaux, qui deviennent de moins en moins nombreux, il est obligé de faire des déplacements assez fréquents, particulièrement dans les bois de Bouillancourt-en-Séry, appartenant à M. P. de Boiville, et situés sur la rive droite de la Bresle, face au massif de la forêt d'Eu.

La meute se compose de grands *harriers* de 61 cenrimètres, bien pareils, de première vitesse et très mordants : ils sont découplés au nombre de 50 à 60 et sont dirigés par deux piqueurs à cheval. Ceux-ci portent l'ancienne tenue des louvetiers :

habit bleu, droit, à la française, galonné sur le devant et au collet, poches à la française et en pointe également galonnées ; veste et culotte chamois ; boutons de métal blanc portant un loup hurlant ; ceinturon en tissu des galons avec disposition inverse des métaux (1) ; bottes fortes ; toque bleue galonnée. Le maître d'équipage porte la tenue de lieutenant de louveterie telle que le règlement royal du 18 avril 1832 l'a ordonnée elle diffère de la précédente en ce que le collet et les parements sont en velours bleu, les parements en pointe surmontés de deux chevrons. Les boutons sont en métal jaune et le couteau de chasse, en argent, est porté par un ceinturon de buffle jaune galonné comme l'habit.

L'équipage possède aussi une grande tenue, dont il est fait usage dans les circonstances exceptionnelles : pour le maître, l'habit rouge ; pour les

(1) Rappelons que les galons de vénerie des hommes d'équipage sont en principe formés d'un tiers or sur deux tiers argent ceux ; des maîtres ont au contraire deux tiers d'or. Dans certains équipages cependant, on trouve des galons d'un seul métal.

piqueurs tunique blanche avec col, parements et poches en pointe rouges, culotte blanche.

Aux environs de Conty, à 20 kilomètres au sud d'Amiens, opère le petit équipage de M. *Albert Michaud*, propriétaire du château de Thoix. Peu nombreux, mais très bien dirigé, il obtient grand succès contre les sangliers qui se plaisent volontiers dans ces parages : à défaut de forêts, il y a beaucoup de bois, séparés par des vallées humides, conditions favorables au développement des animaux. Bon an mal an, M. Michaud compte au moins une trentaine de prises à son actif.

Rallye Picardie n'est plus qu'un souvenir, mais trop récent et trop honorable pour n'être pas enregistré. M. de Condamy, ancien lieutenant de louveterie de l'arrondissement d'Amiens avait formé ce remarquable vautrait ; en raison de la difficulté du terrain, il avait du créer une véritable race, en croisant briquets et fox-hounds, de façon à réunir les qualités indispensables. La meute était parfaite d'ensemble, se rapprochant du vieux type normand avec beaucoup de gorge, de vigueur et de fond. Plusieurs limiers ont été primés aux Expositions d'Amiens et de Paris et l'on cite quelques-unes des prouesses accomplies par l'équipage, qui sont vraiment extraordinaires.

La tenue était bleu de ciel avec parements et col de velours noir — retroussis rouge avec galon — toque de velours noir — botte dure avec genouillère blanche ; le bouton portait, or sur argent, une tête de sanglier avec la devise « Rallye-Picardie ».

L'équipage a été dissous, voilà déjà quelque temps, mais le nom de M. de Condamy reste cher aux disciples de Saint-Hubert : il s'est adonné à l'art et les habitués des Expositions savent combien il excelle à représenter les scènes de sport. Il est passé maître dans ce genre si intéressant et semble avoir pris à cœur de faire vivre sur la toile ce qu'il a vu, ce qu'il a vécu.

La forêt d'*Eu* est certainement l'une des plus belles et des plus vastes de la Haute-Normandie, très richement dotée à cet égard. Elle forme un superbe massif de 8000 hectares, limité par les fraîches vallées de l'Yères et de la Bresle, qui se prolonge jusqu'à quelques kilomètres de la ville par des ilots détachés, les bois du *Défunt*, du *Conquet* etc; une série de larges clairières, favorables aux débûchés, séparent ces petits boqueteaux du lot principal, désigné sous le nom de *Haute Forêt d'Eu:* on appelle *basse forêt*, un massif, tout à fait distinct et de bien moindre importance, qui s'étend assez loin de là, au Sud, dans la direction de Neufchâtel.

Comme le château d'Eu, la forêt faisait partie, au dernier siècle des vastes domaines du duc de Penthièvre qui en tirait un revenu de 150,000 livres peu avant 1789. Il l'avait aménagée pour la chasse d'une façon très complète: deux séries de longues lignes s'y croisant au carrefour des Meulières ou au poteau Sainte-Catherine et, dans la partie la plus voisine de la ville, une étoile de routes rayonnant autour du poteau de la Madeleine. Ces percées, fort bien entendues, rendent la chasse facile, malgré les accidents du terrain et la lourdeur du sol, que les pluies détrempent et défoncent presque continuellement. Quoique morcelée et dégradée, lors de la confiscation, la forêt abrite encore un gibier abondant : elle a été ces dernières années le théâtre de nombreuses chasses à courre, surtout avant l'expulsion de monseigneur le Comte de Paris.

Le prince ne possédait pas de grand équipage. Quand elle fut vendue, après son départ, le 5 août 1886, sa meute comprenait 35 harriers et 23 bassets et griffons : tous ces chiens chassant également bien lièvre et chevreuil, rarement à courre, le plus souvent au fusil. Mais l'équipage de Chantilly venait de temps à autre, faire des déplacements à Eu et le vautrait du Prince de Joinville y passait une grande partie de l'hiver. L'une des plus brillantes chasses qu'on y ait vues alors est celle qui fut organisée en l'honneur du Prince Waldemar, lors de son mariage avec la Princesse Marie d'Orléans. Quelle assistance unique au lieu de rendez-vous fixé au bois de Cuverville, près de la lisière de la haute forêt ! La comtesse de Paris y arriva conduisant elle-même un duc-phaéton attelé de quatre cobs à grandes allures ; la Prin-

cesse de Galles, venue dans le mail-coach du duc de Chartres, suivit la chasse sur un hunter, merveilleux sauteur, débarqué la veille d'Angleterre; parmi les amazones on remarquait les princesses Louise et Maud d'Angleterre, les princesses Amélie, Hélène et Marguerite d'Orléans; les cent cavaliers qui se pressaient dans le carrefour représentaient toutes les races royales de l'Europe et les plus illustres noms de France.

Normand-Pi-qu'avant, l'excellent vautrait de M. Maximilien Thélu qui avait été déjà admis à fournir, en forêt d'Eu, des chasses souvent honorées de la présence des Princes, a continué à pourchasser les bêtes noires avec un succès soutenu. Quarante prises par an sont le chiffre qu'il n'a jamais manqué de dépasser pendant sa brillante et trop courte carrière, M. Thélu a, en effet, interrompu ses laisser-courre, il y a quelque mois, en raison de son mariage; mais nous voulons espérer qu'il n'a pas dit un adieu définitif à la vénerie.

Le chenil était installé à Aumale, résidence du maître d'équipage et fort bien dirigé par Allard, premier piqueur; on découplait toujours une cinquantaine de chiens, le plus souvent de meute à mort.

Aux réunions de Normand-Pi-qu'avant, on voyait assidument M. Felipe Yturbe, quelque temps associé au chef d'équipage, MM. de Thezy, d'Imbleval, de Fautereau, — comte de Mesnil Addelée.

Rallye-Ouville, à M. Roquigny-Flaubert est un équipage de formation récente et déjà renommé. Depuis cinq ans, il chasse le sanglier dans la plupart des forêts ou des bois particuliers des arrondissements de Dieppe et de Neufchâtel; dès le 31 décembre 1886, il clôturait brillamment l'année par son centième hallali et les dernières saisons ont été encore plus heureuses: 34 animaux pris sur 35 attaqués en 1887-1888 et des chiffres aussi satisfaisants pour 1888-1889. La meute a beaucoup de train et d'ensemble: plusieurs de ses sujets ont figuré à l'Exposition Canine de Paris en 1886, où ils ont eu un prix dans la classe des races françaises; quand les quarante chiens qu'on découple ordinairement, tiennent une trace, ils ne l'abandonnent plus, en dépit des plus sérieuses difficultés. Vers la fin de l'hiver, on avait attaqué une compagnie, en forêt d'Eu — où le vautrait de M. Roquigny va parfois se mesurer avec celui de M. Thélu ; une laie à son tiers an se livra et fit une chasse très dure à cause de la neige qui restait encore accumulée dans certains fonds, elle se laissa battre dans les régions les plus accidentées de la forêt, débucha sur Sénarpont, où elle traversa la vallée de la Bresle, boisée et marécageuse; elle remonta sur les plateaux et fut enfin portée bas, après trois heures et demie de chasse, en pleine Picardie, à trente kilomètres du lancer.

M. Roquigny-Flaubert est, par sa mère, petit neveu du célèbre auteur de Madame Bovary. Il a épousé en 1886, Mademoiselle Victoire de Cathelineau, fille du général vendéen ; elle fait avec une grâce exquise les honneurs de sa magnifique résidence d'Ouville la Rivière qui est pendant toute la saison des chasses, le centre de réunions nombreuses et élégantes.

A quelques kilomètres à l'ouest de Neufchâtel, est la forêt d'*Eawy*, bien moins vaste que celle d'Eu, puisqu'elle n'atteint pas 2000 hectares, mais tout aussi pittoresque, fort dure de parcours et extrêmement vive en gibier.

M. *Burel-Tranchard*, de Grandes-Ventes, y chasse le lièvre avec un petit équipage de chiens normands. Il avait eu pour prédécesseur un veneur émérite, M. Luchet qui, à force de soins, d'art et de sacrifices s'était constitué l'un des meilleurs chenils de la région : une lice normande, deux étalons, achetés à gros deniers et fort bien choisis avaient été la souche de toute la meute. M. Luchet s'attachait à ne conserver que des sujets de premier ordre, bien gorgés, sages, aimant la chasse ; quant à leur dressage, il s'entendait comme pas un à l'obtenir parfait. Il mourut assez jeune et son équipage fut acquis presque en entier par M. Burel-Tranchard qui avait fait, avec lui, ses débuts dans la vénerie et qui a continué ses traditions d'élevage et de chasse.

Veiller avec un soin judicieux aux croisements

qui entretiennent la race, maintenir les qualités essentielles, finesse de nez, obéissance, M. Burel Tranchard a parfaitement réussi dans cette tâche délicate. Comme ses chiens sont lents et les débuchés en plaine fréquents, les prises sont chose difficile; il ne cherche pas à en augmenter le nombre par des expédients et se préoccupe uniquement de bien chasser: un véritable veneur peut-il se proposer un autre objectif.

M. Burel-Tranchard réunit lors de ses chasses, un petit nombre de voisins et amis, dont quelques-uns portent sa tenue, au bouton, en métal blanc, à tête de lièvre.

Les lièvres de la forêt d'Eawy avaient un autre ennemi en M. *Bréard* de Torcy-le-Grand, digne émule de M. Burel-Tranchard. Il était passionné pour la vénerie et, malgré son état de santé qui le forçait à suivre en voiture, il a chassé pour ainsi dire jusqu'à sa mort, survenue à l'automne de 1888. Son équipage se composait de chiens bassets d'Artois, beaucoup plus vites que les Normands de Grandes-Ventes, également bien doués sous le rapport de la finesse. C'était plaisir de les voir passer sans lever le nez, au milieu des hardes de chevreuil très nombreuses en forêt d'Eawy. Aussi manquaient-ils rarement de prendre ; beaucoup de semaines les ont vus forcer leurs trois bouquins. C'était pour eux une affaire de deux ou trois heures.

A signaler les équipages de MM : le comte de *Valanglart*, au château de Saint-Foy, qui chasse le sanglier à Eawy et dans diverses autres forêts de la région, Arques, le Croc, le Hellet etc. et le baron de *Fautereau*, qui a commencé depuis deux ou trois ans à courre le cerf en forêt d'Eu.

Très suivies par les sportsmen de Rouen, les chasses au cerf de M. *Bardin*, en forêt de *Roumare*. Ce beau massif de 4000 hectares qui s'étend à l'ouest de la ville, est englobé par une boucle de la Seine et la chasse y est à la fois intéressante et facile. L'équipage de M. Bardin, composé de 50 grands et beaux bâtards poitevins, est déjà de formation

ancienne : sous l'habile direction du maître d'équipage et du premier piqueur La Rosée, il a pris, en 1887, son six-centième cerf et les dernières saisons lui ont fourni une moyenne de 35 à 40, une ou deux chasses à peine se terminant sans hallali.

A mi-distance, entre Rouen et Beauvais, la forêt de *Lyons* est un centre de chasse des plus importants. Elle se compose de trois parties principales allongées, dessinant un triangle au centre duquel se trouve la ville de Lyon-la-Forêt, dans une très jolie position. Nous voyons aujourd'hui les débris d'une immense forêt qui couvrait le plateau entre l'Epte et l'Andelle : ces débris s'étendent du reste sur plus de 6000 hectares et les nombreux boqueteaux qui s'y rattachent font, de la région tout entière, un terrain des plus propices pour la multiplication du gibier et l'agrément de la chasse.

La location n'est pas attribuée à un équipage unique, mais répartie entre un assez grand nombre de veneurs qui se succèdent à époques déterminées.

C'est ainsi que l'équipage de *Lyons-Hallatte*, dont nous avons parlé au chapitre précédent vient y chasser le cerf, en commencement de saison.

C'est au cerf également que s'attaque l'équipage de *Tout-à-l'Eure*, au marquis de Vatimesnil.

Formé en 1849, par le père du propriétaire actuel, il compte 50 chiens chassant, bâtards saintongeais tricolores, hauts de 26 pouces, remarquables par leur fond. Ils proviennent du croisement de lices de MM. de Ruble et de Saint-Léger — deux noms bien connus des veneurs — avec des chiens anglais.

L'équipage a d'abord chassé le lièvre et le chevreuil ; il est maintenant consacré exclusivement au cerf et prend, par an, de 25 à 30 animaux. M. de Vatimesnil chasse en forêt de Lyons, voisine de sa résidence de Vatimesnil (par les Thillers-en-Vexin) ; il fait des déplacements dans les forêts de Dreux, la Ferté-Vidame et Senonches. La nature pittoresque du pays donne lieu souvent à des chasses curieuses ; nous reproduisons d'après un dessin du comte de Reiset, un intéressant hallalli sur un *toit* du village de Firmincourt bâti

en terrasse au flanc d'un coteau qui domine une vallée profonde.

La tenue est : tunique de drap bleu de roi, col, parements et poches de velours amaranthe — gilet de velours amaranthe — culotte de velours bleu uni — bas blancs et grandes bottes ; cape noire en velours. Le bouton est d'or avec tête de chevreuil et ruban entrelacé autour et portant la devise : *Tout à l'Eure.*

Les veneurs ayant le bouton sont : la marquise de Lestrade, la comtesse de Viel-Castel, Mme Moreau, Mme Laurent, le vicomte et la vicomtesse de Leusse, M. et Mme de Voize, le comte d'Arjuzon, le baron de Noirmont, MM. de Pommereau, J. de Séguin, Louis Cartier, Charles de Coquart.

La fanfare de l'équipage à été composée par la comtesse de Gouy d'Arsy, née le Couteulx de Cantcleu ; M. Ferdinant Moreau en a fait les paroles.

M. le Vicomte d'*Onsembray* réunit assez souvent son équipage à celui de *Tout-à-l'Eure.* Ce

sont des chiens de même provenance, également vites et droits dans la voie. Les dix-cors de Lyons ne tiennent pas longtemps devant les 80 bâtards qui sont alors découplés

Pendant que M. de Vatimesnil fait son déplacement annuel dans la vallée de l'Eure, M. le Vicomte d'Onsembray continue avec un non moindre succès, à chasser à Lyons : sa résidence de Fontaine, près Fleury-sur-Andelle est pour ainsi dire, à la porte de la forêt. Nous pouvons citer parmi les fidèles de ces réunions : la vicomtesse Bertrand d'Hanache, MM. Paul Gérusez, H. Lecoulteux de Caumont, comte Lecoulteux de Cantcleu, Lefèvre, Aroya de Rombey, etc.

Jusqu'à ces derniers temps M. *Paul Labitte*, de Clermont possédait un important vautrait : vingt fox-hounds et autant de bâtards assez près du sang. Il avait d'abord chassé dans la forêt de Hez conjointement avec M. Stern, ainsi qu'en Halatte ; maintenant il s'était transporté à Lyons où il restait une partie de l'hiver et faisait un déplacement annuel dans la forêt de Brotonne, au sud de Rouen: mais les animaux devenant plus rares il a renoncé à chasser le sanglier et a mis bas son équipage, qui a été vendu à la fin d'avril 1889. A cette date, le total des prises s'élevait au chiffre de 320 obtenu en un petit nombre d'années.

Mais ce n'est pas de sa part un adieu à la vénerie. M. Labitte est vraiment passionné pour cet art. Cavalier intrépide et d'une résistance inouïe il ne se laisse arrêter par rien, galopant ses chevaux par les plus durs chemins, entraînant ses chiens; c'est un vrai disciple de Saint-Hubert qui ne peut abandonner son culte. Il a donc formé depuis deux ans un nouvel équipage pour le cerf, auquel il va s'adonner exclusivement. Il a fait aménager une vieille ferme voisine de Mesnil-sur-Vienne, en bordure de la forêt de Lyons, et l'a transformée en un rendez-vous de chasse des plus confortables. L'excellent premier piqueur Lefort renouvelle sur le cerf ses succès d'antan sur les bêtes noires.

La tenue de l'équipage est rouge avec parements

et culotte de velours gros vert. Sur le bouton un sanglier courant et la devise: A *moi Saint Hubert!*

M. Stern, que nous venons de retrouver ici, est le propriétaire actuel du Chateau de Fitz-James (à la porte de Clermont) jadis érigé en duché-prairie en l'honneur du maréchal de France, fils naturel de Jacque II, roi d'Angleterre. Son parc, vaste de quatre cents hectares et tout enclos de murs est remarquable par sa situation pittoresque, sa splendide végétation, sa richesse en gibier; il est le théâtre de battues où chevreuils, faisans, lièvres et perdreaux tombent en quantités extraordinaires sous le fusil des invités.

Les laisser courre du vautrait de M. Stern ont habituellement lieu dans la forêt de *Hez* : rendez-vous à la Neuville, sur la route de Clermont à Beauvais. Après avoir fait partie des domaines des Montmorency, cette forêt passa aux mains des Condé; elle se trouve maintenant divisée entre l'État et M. Stern qui en a acquis la moitié longtemps possédée par Mgr le duc d'Aumale.

Depuis le départ du vautrait de M. Labitte pour

la Normandie, M. Stern a seul le droit de chasse dans la forêt de Hez. Celle-ci n'est pas toujours facile. Mais, en raison même de son caractère sauvage, elle est fort riche en bêtes noires. Le maître d'équipage s'entend, du reste, très bien à diriger ses chiens, qui sont remarquables par leur fond et leur vitesse : tenue du chenil, habileté du personnel, qualité des chevaux ne laissent rien non plus à désirer. Le jeune fils de M. Stern montre déjà beaucoup d'intrépidité à suivre les traces paternelles ; ce sera un veneur formé à bonne école.

Les chasses de Hez sont suivies par un petit nombre d'amis seulement. Mais nous avons dit que le vautrait venait tous les ans s'installer à Fleurines, dans la forêt d'Hallatte : ses chasses alternent, pendant plusieurs semaines, avec celles de l'équipage de cerf et réunissent la même affluence de cavaliers parisiens. Tenue rouge avec col et parements blancs ; cape et botte forte.

Le vautrait de *Pont-Saint-Pierre* a été formé en 1876, par le baron d'Houdemare, lieutenant de

R.F.

louveterie de l'arrondissement des Andelys. A cette époque il avait acquis quelques chiens de M. de Baudry d'Asson, griffons vendéens blancs et orange. Il est allé chercher, en Angleterre, un étalon de même robe pour croiser avec des lices vendéennes et a réussi, par un élevage bien entendu et une sélection habile, à obtenir une meute de bâtards, remarquables d'uniformité, ayant du fond et de la tenue et parfaitement créancés. Il a pu ainsi corriger la plupart des imperfections de la race originelle. La vitesse de ses sujets ne laisse rien à désirer ; il possède en effet, une dizaine de chiens anglais et a pu constater maintes fois que les bâtards tenaient la tête.

Le baron d'Houdemare chasse un peu dans tout l'arrondissement des Andelys, principalement en forêt de *Lyons* et dans les bois qui bordent l'Andelle qui arrose Pont-Saint-Pierre. Il va aussi en forêt de Brotonne, où il a, cette année, réuni son vautrait à celui de M. de Perthuis. Il découple environ quarante chiens et prend par an de vingt-cinq à trente sangliers.

L'uniforme de l'équipage est bleu avec revers

jaunes; le bouton porte une tête de sanglier. Les deux fanfares: la *Pont-Saint-Pierre* et la d'*Houdemare* sont très jolies.

Mentionnons, dans la même région, le petit vautrait du *Comte du Rüel* à Bazincour, près Gisors Peu nombreux mais excellent, bien dirigé par le piqueur Ferrière, il fait par an une trentaine de prises.

Le Comte Emmanuel Lecoulteux de Canteleu, par lequel nous terminons cette revue de la Haute Normandie est un veneur hors de pair. Il a pratiqué succesissement tous les genres de chasse, et s'est surtout acquis une grande notoriété par la reconstitution de la vieille race de Saint Hubert et par ses publications: la *Chasse du loup*, *les Chiens courants français au dix-neuvième siècle*, *etc.*

Fils d'un aide de camp de Napoléon, il a servi quelque temps dans la cavalerie, mais, ayant de bonne heure quitté le service, il a consacré ses loisirs à la vénerie. Il a d'abord formé, pour chasser le loup, un équipage de

Métis sauvage de loup et de chien pris par le comte Lecoulteux.

griffons provenant du croisement de vendéens avec des griffons bleus morvandiaux : c'étaient des chiens d'une énergie et d'une résistance incomparables avec lesquels il a recueilli de nombreux trophées non seulement en Normandie, mais dans ses déplacements en Bourbonnais, en Bourgogne, en Haute Marne.

Au moment de la guerre de 1870, il vendit sa meute à un chasseur écossais, sir Woldron's Hill ; ensuite, comme le loup avait presque entièrement disparu de Normandie, il préféra former un équipage de cerf et de sanglier.

Il s'attacha à reconstituer la race française de Saint-Hubert, transplantée en Angleterre sous le nom de *blood-hounds*. On sait que les veneurs n'admettaient que quatre races dites royales : les chiens *blancs du roi*, les chiens *fauves de Bretagne* les chiens *gris de Saint-Louis* et les chiens *de Saint-Hubert*. Ce sont de superbes animaux à la tête puissante, noirs avec des taches feu chez lesquels on retrouve bien toutes les qualités qui ont fait naguère le célébrité de leur race.

L'équipage est installé au château de Saint-

Martin, près d'Etrepagny, résidence du comte. Il chasse habituellement le sanglier et quelquefois le cerf, soit à *Lyons*, soit dans les autres forêts du Vexin ; la moyenne des prises s'élève à près de vingt-cinq.

Pendant ces dernières années, du reste, le comte Lecoulteux a presque entièrement interrompu ses chasses, à la suite d'un terrible accident qui l'empêchait de remonter à cheval. Mais il a continué avec le même soin à entretenir et à développer la race qu'il a créée à nouveau et il reste l'un des maîtres de la vénerie contemporaine. Aux laisser-courre trop rares, qui ont encore lieu, on voit le baron Lecoulteux Dumolay, le comte de Canteleu, le comte du Ruel, MM. Henry et Lucien Vinot, Paul Gérusez, Durand, etc.

La tenue est bleue avec parements de velours amaranthe ; gilet bordé d'un galon de vénerie. Sur le bouton une patte de loup dressé, qu'entoure un ceinturon de chasse.

LES

ÉQUIPAGES DE L'OUEST

Le marquis de Chambray mérite une place d'honneur dans la galerie des illustres veneurs contemporains et personne ne sera blessé si nous disons qu'il est le premier, au moins en Normandie. Voilà trente-cinq ans passés qu'il est à la tête d'un équipage que toutes les forêts de l'Eure, de l'Eure-et-Loire et de l'Orne ont, tour à tour, vu à l'œuvre.

Il célébrait, il y a bientôt cinq ans, la prise de son *millième* cerf par une fête brillante qui fit vraiment époque et dont le souvenir est conservé par tous les disciples de Saint-Hubert. Plus de 2,000 personnes se pressaient autour de l'étang de la Benette (en forêt de Senonches), où était venu finir l'animal. Ce fut M. Léon de Dorlodot qui eut l'honneur d'aller, en bateau, le daguer. Aujourd'hui le marquis de Chambray atteint à peu près le chiffre de treize cents prises, dont aucun veneur n'avait approché jusqu'ici.

L'équipage compte une quarantaine de chiens chassant. Ce sont des Normands de sang presque pur : forts, bien conformés, blancs avec manteau orange, à poils ras, la tête sèche et carrée, le front large, l'oreille longue, un nez exquis, des voix superbes. Ils ont pour ancêtre commun un bel étalon normand *Cajolant*, qui parait tirer son origine des chiens de l'ancienne vénerie royale; le marquis de Chambray l'avait trouvé chez un garde de la forêt de Conches et, par un choix habile des lices, il a réussi à reconstituer le sang normand dans sa pureté presque absolue.

Les couleurs de l'équipage sont : vert foncé avec col et parements de velours noir — gilet amaranthe — bouton de bronze portant un huchet, un fouet et un couteau entrelacés.

La plupart des veneurs normands tiennent à honneur de faire partie de l'équipage Chambray. Ils sont en ce moment près de quatre-vingts ayant le bouton; on en compte toujours un grand nombre, tantôt les uns, tantôt les autres qui sui-

vent les chasses de l'équipage pendant ses fréquents déplacements. C'est, en effet, le système préféré par le marquis de Chambray. Il acquiert le droit de prendre un nombre déterminé d'animaux dans plusieurs forêts de la région, où il se transporte successivement. Dans l'intervalle, il fait toujours revenir sa meute au chenil de Chambray, qui est fort bien installé et où les braves animaux se reposent de leurs exploits. Ils sont d'ailleurs, en toute circonstance, l'objet des soins les plus attentifs : dans quelques déplacements, hommes et chevaux sont parfois loin de trouver le confortable, mais tout est prévu pour le bien-être de la meute. C'est dans l'ordre. Et si les réunions de l'équipage ne présentent pas le caractère brillant que nous avons signalé dans celles des environs de Paris, elles n'en ont que plus de charme pour les véritables amateurs ; car aucune préoccupation secondaire ne vient les distraire de la chasse elle-même, objet de leurpassion.

M. *Léon de Dorlodot* que nous avons cité tout à l'heure, et qui est l'un des plus fidèles parmi les veneurs portant le bouton de Chambray, possède un vautrait qui chasse principalement en forêt de *Senonches*, et effectue des déplacements tout autour à la *Ferté Vidame*, la *Trappe*, le *Perche*, *Longny*, *Breteuil*, *Dreux*, etc.

Belge d'origine, parisien d'adoption, fine lame et fusil remarquable, il est de première force dans tous les genres de sport. En 1885, il a gagné, au tir aux pigeons de Monte-Carlo, le Grand Prix du Casino, (20,000 francs et un objet d'art), la plus haute récompense offerte aux amateurs de *Shooting*. Lui-même dirige ses chasses avec autant d'habileté que d'ardeur : elles sont souvent très dures, car du côté de Senonches les débouchés sont extrêmement rapides et fréquents, et quand on s'enfonce dans le Perche, le pays devient fort difficile. Il est arrivé plus d'une fois qu'il a fallu poursuivre l'animal à quinze lieues du lancer, jusqu'en forêt de Montmirail et de Vibraye, dans la Sarthe.

M. de Dorlodot a été longtemps associé au vicomte de Saint Périer; il est maintenant seul maître d'équipage. Son vautrait comprend 75 chiens moitié anglais, moitié bâtards obtenus par croisement avec les chiennes de Saint Hubert du comte Lecoulteux.

La tenue est : habit vert avec parements noirs, gilet rouge, culotte verte. Le bouton porte une tête de sanglier entourée d'un ceinturon de vénerie.

M. Alfred Firmin Didot, propriétaire du château d'Escorpain près Laons, a commencé en 1887-1888 à chasser le sanglier en forêts d'Evreux et de Breteuil. Très jolies les deux campagnes de début ; elles promettent pour l'avenir de ce nouveau et déjà excellent vautrait.

Rallye Puisaye, équipage de cerf au comte de Boisgelin a un passé beaucoup plus ancien. Il a été formé en 1855, par le père du propriétaire actuel en vue de chasser alternativement le sanglier en Bourgogne (près de Saint Fargeau) dans la partie dite la Puisaye et le cerf aux environs de Paris : il se composait de chiens anglais.

Maintenant, le comte de Boisgelin ne chasse

plus que le cerf : il a dépassé le chiffre de 800 prises. La meute comprend 40 bâtards vendéens très disciplinés, dirigés par deux piqueurs et quatre valets de chiens. Le poste de premier piqueur est rempli, de père en fils, par les *Chopelin*, dont l'adresse et le talent n'ont pas peu contribué aux succès de l'équipage. Le représentant actuel de la famille est un excellent veneur et, quoique pesant 125 kilogrammes, cavalier infatigable. L'an dernier on a fêté sa quarantième année de chasse : Il a été invité à la table du comte et les veneurs, habitués de ces chasses, se sont cotisés pour lui offrir en souvenir un objet d'art.

Le comte de Boisgelin chasse dans la forêt de Beaumont-le-Roger, sa propriété, et dans celles de Conches et de Broglie, qui en sont voisines.

Tenue : habit vert avec parements amaranthes ; galons de vénerie ; bouton portant, en souvenir de l'ancienne destination de l'équipage une hure de sanglier et la devise « *Rallye Puisaye* ».

Naguère consacré exclusivement au sanglier,

l'équipage de *M. Malfilatre* s'est mis, depuis deux ans à chasser le cerf. Son théâtre principal d'action est la forêt de *Brotonne*, entre Rouen et Pont-Audemer : splendide massif de 7,000 hectares, remarquable par ses futaies de hêtres. Une bande de la Seine en forme la ceinture et la chasse y va très vite grâce aux excellentes percées qui la sillonnent. Le vicomte de Grente y a longtemps chassé le cerf avec une meute de chiens anglo-normands.

L'équipage opère également dans les forêts du Rouvroy et de la Londe, au sud et à proximité de Rouen et dans celle du Trail, plus à l'ouest, sur la rive droite de la Seine.

Les bêtes noires étant fort nombreuses dans toute cette région, nous trouvons à citer plusieurs vautraits qui leur font une guerre acharnée.

Tels sont :

L'équipage de *M. Gabriel de Saint-Walfran* composé de chiens d'Artois, primés en 1885-1887 à l'Exposition du Hâvre; il chasse presque toujours réuni à celui de *M. Hauchard* (bassets), et tous deux prennent 35 sangliers par an aux environs de Montfort-sur-Rille, près Pont-Audemer.

L'équipage du *Baron de Bonneca{e*, à la Boissière.

L'équipage de *M. Cerfon*, lieutenant de louveterie à Elbeuf. Ce veneur attaque le sanglier avec une meute de composition assez particulière : douze grands mâtins et autant de stag-hounds qui rivalisent d'ardeur pour attaquer et coiffer sangliers ou blaireaux suivant les circonstances. Il possède également un petit équipage de lièvres, formés de griffons tricolores très estimés.

Il s'occupe du reste, beaucoup de l'élevage des chiens de toute espèce et les produits de son chenil sont très estimés dans la région.

M. Cerfon a publié divers ouvrages cynégétiques de grande valeur, entre autres sur la *Chasse à courre du lièvre* et sur l'autourserie, art qui a tenu une si grande place dans l'ancienne vénerie, mais qui depuis bien longtemps n'est plus qu'un souvenir.

A son exemple, le *comte de Chamisso* avait formé, en décembre 1885, un équipage de mâtins pour chasser en forêt de Beaulieu, près Mantes; et cet essai a été couronné d'un plein succès.

Sur les confins des départements de l'Eure et de la Seine-Inférieure, entre Elbeuf et Pont-de-l'Arche se trouve la forêt de *Bord*, propriété de l'État. Elle a été affermée à une société de chasseurs, MM. Emmanuel Boulet, Lemonnier, Nivert,

Lenoble et Olivier. Grâce à des terres avoisinantes dont ils sont propriétaires ou locataires ces messieurs disposent d'un domaine de 2,500 hectares, merveilleusement situé sur des coteaux dominant la Seine. Ils y chassent avec une petite meute, très homogène, de briquets tricolores, de 50 à 52 centimètres, devant lesquels on tire chaque saison de 150 à 200 lièvres : à l'issue des réunions, les trophées sont salués par la jolie fanfare « la Boulet » que nous reproduisons.

Le nom de M. Boulet est universellement connu des veneurs. Il s'est attaché à la reconstitution de la race des griffons d'arrêt français. Depuis quinze ans, il s'est occupé de ce problème, et l'on sait comment, à force de persévérance, des élections raisonnées, de sacrifices, il est arrivé à produire des chiens d'une homogénéité parfaite, chez lesquels sont développées au plus haut degré l'intelligence, les qualités de travail et toutes les propriétés caractéristiques du type. Il apporte le même art au dressage des griffons, pour lequel il applique

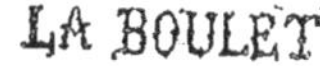
LA BOULET

Chasseurs quand vous irez en plaine,
S'élançant parmi l'herbe haute L'animal veut gagner
Pour avoir carnassière pleine Il faut un bon griffon d'arrêt!
La Boulet en chasseur très sage sur la voie met le chien courant,
Le lièvre accourt au passage...
Le plomb l'arrête à l'instant!

des méthodes nouvelles; il est secondé dans cette tâche par M. Léon Verrier qui joint à son art du dressage un fort joli talent de peintre animalier.

De nombreuses récompenses sont venues sanctionner ces résultats et couronner ces efforts. En voici la liste, pour les trois dernières années :

Exposition Canine de Paris en 1887 : Grand Prix d'honneur du Président de la République — Prix de Championnat — Prix d'honneur — 1er Prix — Prix d'élevage — Prix spécial de la souscription du *Nemrod*.

Exposition du Hâvre, 1887 : 1er et 2e Prix de mâles — 1er et 2e Prix de femelles — 1er Prix de Chiennes suitées.

Exposition de Londres, 1887 : 2e et 3e Prix du Kennel Club (Jubilee Show).

Exposition de Paris, 1888 : Prix d'honneur des mâles et des femelles — 1er Prix des femelles — Prix d'élevage — Prix de la *Gazette des Sports*.

En 1889, tous les prix des classes 49, 50, 51 sont échus aux élèves de M. Boulet.

Le chenil de M. Boulet a reçu, le 8 mars 1887

la visite de S. A. I. le grand duc Nicolaiewitch de Russie qui a pu, dans une chasse spécialement organisée en son honneur, apprécier les qualités exceptionnelles de ces griffons.

Le plus fameux des élèves de M. Boulet est *Marco*, primé de 1882 à 1887 un nombre invraisemblable de fois et devenu le père d'une lignée dont les représentants ont propagé, un peu partout, la réputation de l'éleveur ; *Myra*, sa contemporaine, était une lice digne à tous égards de cet étalon hors ligne. Il serait certes intéressant de retracer comment leur union, accompagnée d'une sélection méthodique, a permis de réaliser les résultats actuels. Nous nous bornerons à dire que M. Boulet a remarquablement réussi à atteindre le but qu'il s'était proposé : « pouvoir offrir des griffons d'arrêt français de race pure, d'origine parfaite.... capables de rivaliser avec n'importe quelle autre race comme qualités diverses en chasse. »

L'importance même de cette reconstitution méritait que nous consacrions quelques pages à son auteur quoiqu'elle ne touche pas directement à la vénerie, objet spécial de notre étude. D'ailleurs le succès de la méthode suivie permet de tirer des enseignements pleins d'utilité pour les éleveurs de chiens courants.

Un très bon équipage de lièvre est celui de M. de *Valpinson*, au château des Bois Francs, près de Rugles. Il comprend trente *beagle-harriers* de la race de Mios, d'une parfaite uniformité; il chasse régulièrement deux fois par semaine dans les bois environnants, sauf au début de la saison, où il effectue un déplacement à Bouglinval près Maintenon.

Pour clore cette série des veneurs de la vallée de l'Eure, nous devons citer le marquis de *Lestrade*, quoique son équipage appartienne plutôt à la Bourgogne, où nous parlerons de lui avec plus de détails.

Le marquis de Lestrade chasse parfois dans la forêt de la Ferté Vidame, voisine de la splendide résidence de Mme Laurent, dont il a épousé la fille il y a quelques annés : mais les réunions cynégétiques dont la Ferté Vidame est le centre ont surtout pour objet la chasse à tir — on y tue environ 20,000 pièces par an, dont 15,000 lapins, 2,500 faisans, 500 lièvres etc.

Au delà de cette belle forêt de la Ferté-Vidame qui forme avec Senonches un superbe rideau de verdure, nous pénétrons dans le Perche dont nous avons indiqué les caractères principaux. Avec ses haies nombreuses, et touffues, son terrain mouvementé, c'est un véritable pays de bocage. Il renferme aussi de grandes forêts d'un tenant, rivalisant par la beauté de leurs futaies avec les plus célébres de l'Ile de France. L'une des plus remarquables est celle de *Bellême* que le comte de *Lévis Mirepoix* à peuplée de cerfs, il y a dix ans. Elle est voisine de son château de Cherperrine et a été le premier théâtre de ses chasses : il a également pris en location de l'Etat, le massif de Perseigne, moins grandiose, mais plus étendu, situé au nord de Mamers. Il effectue aussi des déplacements, en particulier, dans la vaste forêt d'*Ecouves*, près d'Alençon, où il a eu l'an dernier une série de réunions très-heureuses et très suivies. Il a pris en sept chasses, sept cerfs dont deux grands, l'un portant quatorze et l'autre douze.

La tenue de l'équipage est l'habit bleu foncé, gilet et parements rouges, avec galons de vénerie, culotte bleue, bottes à la française. Les chiens proviennent en partie de l'ancien équipage de la Gaudinière, au duc de Doudeauville ; ils ont beaucoup de sang anglais; ils sont dirigés par deux piqueurs à cheval, et deux valets à pied, et se distinguent par leur fond et leur vitesse.

Très souvent, l'équipage du comte de *Lévis* opère de concert avec celui du comte *G. du Luart* qui habite la Sarthe, entre Connerré et Saint-Calais, et y chasse parfois dans la forêt de Vibraye. Les deux meutes travaillent avec beaucoup d'entente : elles comptent chacune de trente à quarante chiens en service.

Le *vicomte de Tertu*, lieutenant de louveterie de l'arrondissement d'Argentan, à Saint-Maurice-les-Charencey possède un bon vautrait qui chasse en forêt du Perche.

A l'autre extrémité du département de l'Orne, nous trouvons l'équipage de cerf de MM. *Jean de Cornulier* et *d'Anneville* Ils ont pris la succession de M. du Rozier, lequel avait lui-même acquis la célèbre meute d'anglo-normands de M. de la Broise qui chassait naguère cerf, chevreuil et sanglier, dans les forêts de Cerisy, Ecouves, La Ferté-Macé et La Mothe. Voici le jugement porté sur

ces sujets remarquables par le comte de Chabot, dont le nom fait autorité en la matière :

« Les chiens de M. du Rozier sont évidemment les descendants des anciens normands, mais par une sélection et un élevage raisonné, en infusant dans leurs veines un peu de sang anglo-poitevin et aussi quelques gouttes de sang gascon-saintongeais, M. du Rozier a réussi a créer une meute qui, tout en se rapprochant par sa couleur du chien normand, n'en a plus les défauts. » M. du Rozier chasse maintenant aux environs de Pont-Audemer et a continué son élevage qui obtient tous les ans de hautes récompenses aux expositions canines. En 1888, dans la catégorie des chiens près du sang français, il avait un prix d'honneur avec *Danemark*, et un premier prix avec *Fatma* ; en 1889, sa meute a obtenu le premier prix des races françaises et plusieurs sujets isolés ont été primés *Bachanal* prix de Championnat, *Favorite* premier prix, etc.

MM. de Cornulier et d'Anneville chassent dans la forêt d'*Andaine* (près de Domfront), beau

massif de 4,000 hectares, l'un des plus accidentés et des plus pittoresques de l'Orne, et dans celle de *Saint-Sever* (près Vire), et de *Cerizy* (près Bayeux), Calvados.

Le *vicomte de Larochefoucauld*, fils du sympathique député de la Sarthe — le duc de Bisaccia, devenu duc de Doudeauville, à la mort de son frère — a créé depuis deux ans un vautrait dont les débuts ont été remarquables. Il chasse le sanglier sur les confins de l'Orne et de la Sarthe, aux environs de Bonnétable, de Parigné, de Montfort, n'hésitant pas à effectuer des déplacements considérables, là où on lui signale des bêtes noires. Cette année, il est même allé en forêt de Rambouillet, où pendant un mois ses chasses au sanglier ont alterné avec les chasses au cerf de la duchesse d'Uzès.

Cavalier hors ligne, le jeune maître d'équipage est doué d'une intrépidité rare et d'une véritable passion pour la vénerie. Une de ses chasses, dans les bois de Pécheré s'est terminée par la prise d'une laie.

de deux cents qu'il a lui-même servie au couteau, et de deux ragots de trois cents et de deux cents, servis à la carabine; quinze chiens avaient été blessés au cours de cette journée émouvante. La vicomtesse de Larochefoucauld, née la Trémoille, suit aussi les chasses avec beaucoup d'ardeur; elle monte toujours des chevaux irlandais, avec lesquels elle affronte les terrains les plus difficiles.

Quoique spécialement destiné au sanglier, l'équipage est quelquefois mis sur le cerf — surtout en fin de saison — il y a obtenu des succès également brillants. Le nombre des chiens découplés atteint toujours une cinquantaine. Ce sont des *fox-hounds*, d'un modèle remarquable, bien pareils comme taille et couleur, marchant un train d'enfer, malgré les difficultés nombreuses qu'offre le terrain de chasse. Ils sont dirigés par deux excellents piqueurs, le premier Lafeuille, venant de Cherperrine, le second Cottin, venant de la Gaudinière: avec eux un personnel de valets de chiens à cheval et à pied, nombreux et tenu avec une rare élégance.

Le maitre d'équipage porte l'habit rouge à l'anglaise, à deux rangs de boutons dorés, avec parements de velours grenat et galons de vénerie, la culotte blanche, la botte Chantilly et le chapeau haute forme. Les piqueurs ont la tunique rouge avec collet, parements et poches en pointe, en drap grenat, galons de vénerie — la culotte bleue — la toque galonnée.

Un autre vautrait plus ancien est celui de M. *Lucien Devré*, intrépide veneur du Mans, qui chasse autour de cette ville Fort amateur de tous les sports, il a pris une part active, à l'organisation du Concours hippique inauguré au Mans en 1888 ; les chasses qu'il dirige réunissent toujours une assistance nombreuse. Son équipage se compose de chiens anglais.

Tout près de là, le duc de *Lorges* chasse le chevreuil aux environs de Montfort, la belle propriété du comte de Nicolay.

En nous rapprochant de la vallée du Loir, nous trouvons le *Rallye Bersay*, créé depuis quelques années par le duc de Grammont, le Prince de Lucinge et le marquis de Broc.

Cet équipage doit son nom à la forêt de *Bersay* vaste de 5,200 hectares, qui s'étend en une longue bande étroite au sud-est d'Ecommoy. C'est là qu'il a commencé à chasser le cerf et le chevreuil : il a bientôt été mis sur le sanglier. Depuis deux ans, il a du reste abandonné le Maine une grande partie de la saison, pour venir à Fontainebleau prendre la place de l'équipage Greffulhe, momentanément au repos. Il y a fait très bonne figure, chassant alternativement cerf et sanglier.

Les chiens, au nombre de 40 à 50, sont des bâtards vendéens, issus du chenil du Baron de Lareinty.

Tenue : rouge garance avec revers jaune paille, bouton portant un cerf et la devise : *Rallye Bersay*.

Plus bas, dans la même vallée du Loir, est le Lude, la magnifique résidence du *marquis de Talhouët Roy*. Son équipage de 40 anglo-poitevins a déjà une longue et glorieuse histoire : il date de 1850. D'abord exclusivement consacré au chevreuil, il est également mis maintenant dans la voie du cerf.

Le père du maître actuel a acquis, il y a déjà longtemps, les chiens de M. Poydras de la Lande, dont l'excellent équipage de chevreuil chassait en forêts de Domnèche et du Gâvre (Loire-Inférieure). Des croisements ultérieurs ont encore amélioré la race et nous avons vu primer aux expositions canines des sujets de premier ordre, tels que *Mercédès et Palestro*, dont les amateurs se souviennent bien.

Le marquis de Talhouët chasse dans les bois qui entourent le Lude; il fait un déplacement annuel en forêt d'Autan (Deux Sèvres).

La tenue est habit gros-bleu avec col et parements rouges. Sur le bouton, un pied de chevreuil et la devise *Anjou*.

Enfin tout à la limite du Maine et de l'Anjou, les comtes de *Bréon* et de *Rougé* chassent depuis peu d'années le chevreuil dans les bois autour de Bois-Dauphin. Ils ont pour compagnons habituels de chasse, MM. le comte de Rochebouet, le comte de Quatrebarbes, le Vicomte Ch. de Villebois Mareuil, le comte de Saint Chamans, le comte d'Andigné.

Remontant vers le Nord, nous trouvons, aux confins de la Sarthe et de la Mayenne, un équipage de cerf et sanglier de formation récente, à MM. le comte Gaston de Hercé, Foccart, Louis de Lagrange, G. Lebailleul. Il chasse dans la vaste forêt de *Sillé le Guillaume* et a déjà de jolis résultats à son actif.

A mesure qu'on s'enfonce dans l'Ouest, les conditions cynégétiques se modifient, comme nous l'avons déjà dit; les forêts font place aux boqueteaux et le cerf à des fauves de moindre importance.

Le comte de *Montferré* possède l'un des meilleurs équipages de lièvre de la Mayenne, qu'il avait formé de concert avec le marquis de Montécler et qu'il dirige seul maintenant.

Chassant dans une forêt très vive en animaux et fort dure, ces deux veneurs ont dû renoncer aux briquets, trop difficiles à créancer et manquant de fond. Ils ont constitué une meute de *beagles-harriers* dont les premiers sujets ont été achetés en Angleterre et qui se recrute maintenant au chenil même; elle comprend une quinzaine de chiens, bien pareils, de 17 à 18 pouces, vites, quêtant à merveille dans les défauts et ne donnant jamais sur le chevreuil, sachant d'ail-

leurs, à l'occasion, chasser le renard avec beaucoup de succès. La tenue est vert et amaranthe. Parmi les personnes ayant le bouton, nous citerons outre le maître d'équipage et son fils le vicomte de Montferré : MM. le comte le Gonidec et le comte Raoul le Gonidec, le marquis de Montécler, le vicomte de Richmond.

Rallye-Mayenne, au *Comte du Bourg* est également un excellent équipage de lièvre : il chasse aux environs de Laval.

Les chiens résultent d'un croisement de harriers et de chiens d'Artois, croisement qui n'a pas été essayé ailleurs à notre connaissance et qui a donné des sujets intéressants, puissamment gorgés, avec des oreilles fines et bien tombantes.

Le comte du Bourg chassait autrefois le chevreuil ; il s'est maintenant consacré exclusivement au lièvre.

L'habit est bleu de roi avec parements vieil or.

Le comte *Christian d'Elva*, lieutenant de louveterie, au château du Ricoudet, près Laval, est un homme de sport et surtout un veneur disgué. Excellent cavalier, il a été l'un des plus actifs organisateurs des courses de Laval; il se signale par son intrépidité rare dans les chasses à courre, dont il est passionné.

Il possède un équipage de 20 griffons vendéens, blanc-orange, de 62 à 66 centimètres, mis dans la voie du lièvre, du renard et du sanglier. Il l'a formé en 1879, au moyen de sujets achetés à MM. de Baudry-d'Asson et Bailly et a obtenu de nombreuses récompenses aux expositions canines : plusieurs de ses étalons et lices présentés individuellement ont été primés à Paris en 1885, 1886, et 1887 et à Bruxelles en 1886 et 1887. Sa meute tout entière a obtenu le premier prix à Nantes en 1888 et le prix d'honneur à Paris en 1889.

Il chasse assidument dans les forêts de la Mayenne : forêts de Concise, de Bourgon, de Laval, bois des Gravelles et de Mizedon et fait chaque année un déplacement en Ille et-Villaine, forêt du Pertre. Il atteint un total de 30 à 40 prises. La saison 88-89 a été brillante entre toutes : pendant quelques semaines, l'équipage d'Andigné est venu, en déplacement, se joindre à celui du comte d'Elva et tous deux ont rivalisé d'ardeur contre les bêtes noires de Laval ; ils en ont pris dix en moins d'un mois.

La tenue est : habit bleu-clair avec collet et parements amaranthes, en velours pour le maître d'équipage, en drap pour les piqueurs — culotte blanche. Sur le bouton on lit la devise : *Courre à mort.*

Le comte d'Elva possède également pour la chasse à tir, un équipage de 12 bassets vendéens, griffons blanc-fauve, à jambes droites de 36 centimètres. Nous le mentionnons en raison de sa qualité hors ligne et des récompenses qui lui

LA D'ELVA
DC
DC
DC

ont été décernées : Prix de la coupe du Président de la République à Paris 1885. Prix d'honneur et 1er prix : Paris 1885, 1886, 1887, Bruxelles 1886, 1887 ; Rennes, 1887 ; Nantes, 1888. Ces résultats font le plus grand honneur à l'élevage du Ricoudet.

La meute de bassets chasse dans les mêmes pays que l'équipage à courre. Elle a fourni de jolies chasses au blaireau pendant les déplacements en Ille-et-Vilainre : la région compte un grand nombre de ces animaux dont Jacques du Fouilloux a décrit les mœurs curieuses ; la chasse en est fort intéressante.

Bas Maine, équipage de chevreuil au comte de *Pontfarcy*, chasse en forêt de Bergault près Laval.

Il fait régulièrement un déplacement dans les environs d'Angers en forêt de Longuenée et n'y obtient pas moins de succès. Au bout de la saison, il arrive à dépasser 30 prises.

La meute se compose de bâtards normands tricolores, de 20 pouces, bien gorgés et criants, doués d'un nez parfait et ne prenant jamais le change.

Le vicomte de *Villebois-Mareuil* au château de la Guenaudière près Grez-en-Bouère, possède un petit équipage de bassets griffons vendéens, de race très pure, qui ont remporté plusieurs premiers prix dans les Expositions canines. Ils sont intrépides à la chasse, ont un train incroyable et forcent renards et lièvres en peu de temps. Ils ont fourni, près de Meslay-sur-Maine quelques chasses au blaireau, non moins heureuses que celles que nous avons signalées à l'actif de l'équipage du comte d'Elva.

Nous citerons enfin le vautrait de fox-hounds de MM. *Chrétien* et du *Boberil*.

En Bretagne, forêts et équipages sont fort inégalement répartis, La région qui en est le mieux pourvue chevauche à peu près sur les départements de l'Ille-et-Vilaine, du Morbihan et de la Loire-Inférieure.

Hors de pair, à tous égards, l'équipage de chevreuil de *Paimpont* à *MM. Lévesque*. Les 45 anglo-poitevins-saintongeais qui le composent sont l'éclatant témoignage de ce que peut obtenir l'élevage méthodique, la sélection continue et intelligente. Ils sont tous nés au chenil du château des Forges et ont pour auteur commun *Sobriquet*, fils de *Fanfaron* et d'une lice bâtarde, au comte de Chabot. Ce *Fanfaron* était l'un des plus beaux sujets du chenil de Mios; lui-même sortait de *Royale*, lice de M. de Carayon et d'un étalon deux tiers sang français, un tiers anglais ; il fut acheté par le comte de Chabot lors de la vente publique à Bordeaux de la meute de Mios. Les chiens de MM. Lévesque offrent un certain nombre de particularités caractéristiques : ils ont les lignes longues et bien dessinées, une taille de vingt-quatre pouces, le manteau noir, le poil un peu rude, la physionomie intelligente. On admire surtout l'uniformité, l'harmonie de l'ensemble.

En 1885, la meute de Paimpont a obtenu le prix d'honneur à l'exposition canine de Nantes; en 1886, elle a remporté à celle de Paris des succès presque inouïs, mais qui étaient certes justifiés, de l'avis unanime des concurrents eux-mêmes; prix d'honneur pour l'ensemble de la meute, grand prix d'élevage, prix d'honnenr pour les sujets (mâle et femelle) exposés seuls.

MM. Lévesque chassent trois fois par semaine dans la forêt de *Paimpont*, leur propriété, et y prennent chaque année une soixantaine de chevreuils. Cette forêt est l'une des plus belles et des plus vastes de la Bretagne (elle a plus de 6,000 hectares) ; en son centre est une vieille abbaye fondée au VIIe siècle dans une situation très pittoresque par Saint-Gicquel et à laquelle se rattachent de poétiques légendes. A son extrémité s'élève le célèbre château de Trécesson, vivant souvenir de la féodalité bretonne. La forêt est très vive en gibier et présente une succession de futaies épaisses, de bruyères, de landes, d'étangs de marécages qui donnent beaucoup de variété à la chasse Très-jolie, la fanfare de l'équipage, les *Adieux de Paimpont*, qu'on chantait naguère avec ces paroles :

Paimpont que j'aime
Que j'ai de peine
En te quittant ;
Paimpont que j'aime
Que j'ai de peine
En partant.
Jamais nous n'oublierons
Le chemin qui ramène,
Jamais nous n'oublierons
Le chemin de Paimpont.

MM. Lévesque font des déplacements assez nombreux en Loire-Inférieure, en particulier dans la forêt de Vioreau, qui appartient à M. de Poydras.

La tenue de l'équipage est : habit rouge avec parements et gilet de velours noir, chapeau de feutre gris à large galon noir, botte Chantilly ; le bouton porte une tête de brocard avec la devise : *Jamais je n'oublierai.*

Le vautrait de *M. Récipon* est également un équipage de premier ordre. Il a été formé en 1877 et se compose de bâtards vendéens de grande taille, infatigables, bien gorgés et ardents à la chasse. On compte un personnel nombreux de piqueurs et de valets de chiens.

M. Récipon chasse habituellement dans la forêt de la *Teillaye*, tout à proximité de sa belle habitation de la Roche-Giffard. Elle n'est pas fort étendue — 3000 hectares seulement — mais elle est sillonnée en tous sens de routes excellentes, les sites pittoresques y sont nombreux et le gibier de toute espèce y abonde. M. Récipon l'a achetée il y a peu d'années à Mgr le duc d'Aumale.

La tenue est l'habit rouge avec bouton à tête de sanglier portant la devise : « *Bien faire et laisser dire* ». La fanfare « la *Teillaye* est un ravissant petit chef-d'œuvre, du genre des *Adieux de Paimpont*,

dédiée à M. Récipon par un de ses amis, auteur et compositeur de talent :

Belle silencieuse !
N'entends-tu pas, rêveuse,
Leur fanfare joyeuse,
La voix de tes amis.
Nous revenons encore
Réveiller dès l'aurore
Sous ta voûte sonore
Tes échos endormis.
Bientôt ils vont redire
Ces mots toujours vainqueurs :
Bien faire et laisser dire !
Le cri de tes veneurs.

M. *Charles de Molon*, au château de la Grande Rivière-en-Paramé (Ile-et-Vilaine) est un veneur intrépide. Ancien officier, il a, depuis qu'il a quitté l'armée, chassé le loup et le sanglier dans toutes les landes bretonnes.

Maintenant il possède un petit équipage de quinze chiens d'Artois pour courre le lièvre.

Il s'adonne aussi à la chasse à tir, pour laquelle il emploie des épagneuls français, de race choisie, de robe très uniforme : blanc, noir et feu. C'est un tireur d'une rare adresse.

Nous citerons encore les équipages de :

M. *le vicomte de Rochefort*, qui chasse le renard dans les environs de Redon ;

MM. *Lebreton-Thuleau* et *G. Couët*, tous deux fidèles aux chasses de la Roche Giffard, et qui réunissent parfois leurs chiens à ceux de M. Récipon. Le vautrait de M. Lebreton-Thuleau chasse ordinairement en forêt de Loudéac et de Rennes.

Le *comte de Goulaine* chasse le cerf en forêt de Loudéac : réunions très pittoresques, et parfois émouvantes, telles que celle dans la dernière saison, où un dix cors se fit prendre en plein bourg de Vaublanc ; l'hallali fut plein de péripéties et, après maintes difficultés, l'animal put être servi par le comte René de Beaumont.

Dans le Morbihan, le comte de Pluvié et le vicomte de Perrien chassent aux environs d'Hennebont.

Presque tous les petits équipages bretons qui n'ont pas de tenue spéciale arborent les couleurs de la province, soit l'habit bleu avec col et parements de velours noir.

Le bouton porte une tête de loup et la légende, *Breiz* — Bretagne en bas breton.

Enfin la brigade de cavalerie de Dinan a créé, il y a quelques années un équipage de chevreuil qui a obtenu un grand succès. C'est un sport qu'on ne saurait trop encourager dans l'armée. En Allemagne, l'école de cavalerie de Hanovre entretient une meute et les jeunes officiers trouvent ainsi dans la chasse à courre un excellent moyen de développer leur habileté équestre : ne serait-il pas avantageux d'en faire autant à Saumur et à Fontainebleau ? L'équitation « en avant » telle qu'on la pratique à la chasse est celle qui convient aux officiers des troupes à cheval : les y habituer, c'est donc les préparer au rôle qu'ils auront à remplir en cas de guerre.

REVENONS maintenant vers l'Anjou que notre visite en Bretagne nous a forcés à séparer du Maine avec lequel il a beaucoup d'affinités.

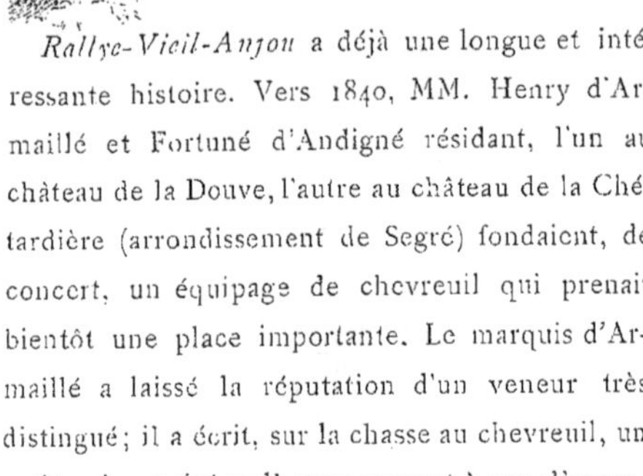

Rallye-Vieil-Anjou a déjà une longue et intéressante histoire. Vers 1840, MM. Henry d'Armaillé et Fortuné d'Andigné résidant, l'un au château de la Douve, l'autre au château de la Chétardière (arrondissement de Segré) fondaient, de concert, un équipage de chevreuil qui prenait bientôt une place importante. Le marquis d'Armaillé a laissé la réputation d'un veneur très distingué ; il a écrit, sur la chasse au chevreuil, un petit volume tiré malheureusement à peu d'exemplaires et qui abonde en aperçus nouveaux et en observations ingénieuses.

En 1883, le comte Geoffroy d'Andigné, fils de l'un des créateurs, est devenu seul maître d'équipage. Il chasse régulièrement deux fois par semaine en forêts d'Ombrée, de Chauveau et de la Ferrière, à proximité de son château de la Blanchaye (par Segré). Tous les ans, il se déplace à Monet, chez le général d'Andigné, et à Somelles chez le comte Henri de la Rochefoucauld. Dans ces diverses forêts, le total des prises atteint 30 à 40 chevreuils.

Parmi les personnes qui suivent assidûment les

chasses, nous citerons : Mmes de la Garoullaye et la vicomtesse de Lamotte-Baracé ; MM. le marquis d'Armaillé, le baron de Villebois, R. de la Garoullaye, A. de Mieulle, le comte R. d'Andigné, le vicomte François d'Andigné, le vicomte Louis d'Andigné, le vicomte de Lamotte-Baracé. Les officiers de cuirassiers d'Angers y sont également très fidèles.

L'équipage se compose de 30 bâtards du Haut-Poitou, très vites et très criants.

La tenue est bleu de roi à parements amaranthes; sur le bouton, une tête de brocard avec la devise : *Rallye-Vieil-Anjou.*

A peu de distance de là, *Rallye-Cornouaille*, à M. de Robineau, chasse également le chevreuil en forêt de Cornouaille (près Candé). Il se réunit quelquefois à l'équipage précédent; l'an dernier une série de jolies chasses ont été effectuées par les deux réunis en Cornouaille et en Chauveau.

Vers la fin de la saison, M. de Robineau va en Bretagne chasser de concert avec le baron du

Joncheray, en *Forêt-Pavée*, près Chateaubriand, chez M. Potier.

Ces réunions attirent toujours une assistance nombreuse : Mmes de Robineau, comtesse de Lauzon, de la Bévière, MM. de Vernouillet, comte de Lauzon, de Montaignac, de la Bévière, de Mieulle, baron Lemot, etc.

L'équipage du *Bois Montboucher* au marquis de Charnacé, a été créé, il y a déjà de longues années par le père du propriétaire actuel. Il a parfois chassé le cerf, mais est presque exclusivement destiné au chevreuil.

Sympathique et intéressante entre toutes, la personne du maître d'équipage. Longtemps mêlé au mouvement intellectuel parisien il a marqué, en plus d'une circonstance, sa trace vigoureuse et originale. Il a étudié à fond les questions économiques et agricoles, qu'il a traitées de main de maître dans la *Presse* et diverses autres publications; il s'est ensuite adonné à la critique musicale et littéraire, et, non content d'écrire de charmants

feuilletons, a composé des ouvrages accueillis avec beaucoup de faveur par le public : les *Femmes d'aujourd'hui*, *Musique et musiciens*, *Causeries sur mes contemporains*, etc., enfin il s'est essayé avec le même succès aux œuvres d'imagination, *Une parvenue*, *le Baron Vampire*, saisissant tableau de mœurs parisiennes, les *Souvenirs d'une jument de chasse*.

Le marquis de Charnacé chasse habituellement en forêt de Valles; il fait divers déplacements, entre autres chez le baron de Vezius. Il porte l'habit bleu à parements rouges.

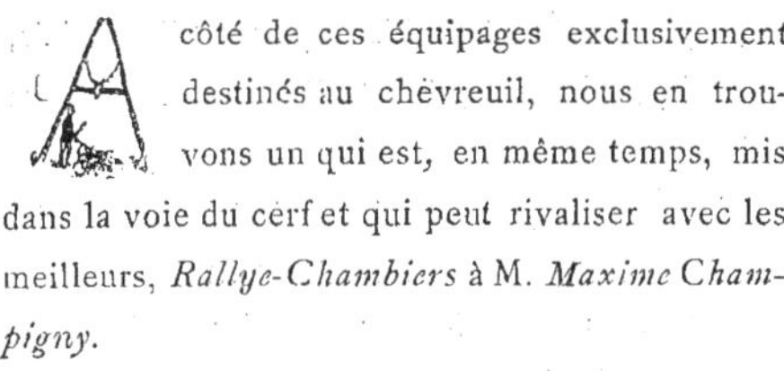

A côté de ces équipages exclusivement destinés au chevreuil, nous en trouvons un qui est, en même temps, mis dans la voie du cerf et qui peut rivaliser avec les meilleurs, *Rallye-Chambiers* à M. *Maxime Champigny*.

Il a été créé en 1838 par MM. Raguin et Champigny père, qui forçaient, le 15 mars, leur premier daguet en forêt de Chinon. Depuis lors, ses prisess s'élèvent à 350 cerfs, 700 chevreuils, 40 loups 50 sangliers.

M. Raguin était le veneur classique par excellence ; intrépide, malgré son état de santé qui le forçait à suivre la chasse en cabriolet, il possédait à un haut degré l'instinct, le sentiment de la vénerie.

Depuis 1871 M. Maxime Champigny est seul maître d'équipage. Il a cessé de chasser en forêt de Chinon, devenue l'apanage de la chasse à tir, et a acheté la forêt de *Chambiers*, près Durtal, qui est son centre habituel d'action. Il fait du reste des déplacements nombreux et tour à tour, presque toutes les forêts de la région, Amboise, Brossay, la Barbée, Vauguyon, Chandelais, Villandry, Marcoyn, Saint Gilles ont reçu sa visite.

L'equipage comprenait primitivement des bâtards résultats du croisement de lices du haut Poitou avec des étalons anglais ; mais ayant trouvé que la dose de ce dernier sang était plus forte qu'il ne convenait, M. Champigny a adopté comme reproducteurs des chiens d'Artois, grâce aux quels il a donné à sa meute les qualités qui la distinguent. Son effectif permet de découpler toujours de 35 à 40 chiens.

Il faut, dans la forêt de Chambiers des chiens admirablement créancés, à cause de sa richesse en gibier. En outre le parcours y est fort difficile, car le terrain, quoique peu accidenté, est coupé de landes parsemées de bruyères et d'ajoncs noirs.

Malgré ces obstacles l'équipage manque rarement de prendre. Il chasse régulièrement les lundis et vendredis, ne s'interrompant même pas à l'époque des plus fortes gelées. C'est ainsi que l'an dernier, vers la fin de février, deux brocards, l'un dix-cors, l'autre quatrième tête, ont été portés bas dans la même semaine, le premier après un débuché de cinq lieues à travers la campagne durcie par une gelée exceptionnelle, le second après un hallali émouvant sur la glace du vaste étang de Singé. Quand il a fallu interrompre les laisser-courre, on avait sonné 35 fois l'hallali. La saison 1888-1889 a été encore plus brillante que les autres ; à la fin de décembre le relevé des chasses accusait 16 prises sur 20 attaques — on avait commencé fin octobre — et la durée moyenne ne dépassait pas 2 heures 1/2 : ce chiffre prouve bien l'aptitude et la vitesse des chiens.

L'ASSISTANCE aux chasses de Rally-Chambiers est toujours très-nombreuse. On y remarque MM. de Coulonges, le vicomte A. de Blois, le baron de La Bouillerie, le comte de La Selle, de Bizien, le vicomte H. Le Bret, Ed. Goiffon, comte et vicomte d'Althon, docteur Bordas, de Raveneau, de Brulon, vicomte de Bréon, vicomte de Rougé, Taydy, lieutenant de louverie, comte de la Roque Ordan, comte de Clermont Gallerande, l'excellent peintre de sport, marquis d'Oissonville, comte de Montesquiou, marquis et comte de Durfort, de Quatrebarbes, de La Cottardière. La tenue est habit vert, gilet et parements noirs; le bouton de bronze porte une tête de loup vue de face.

Deux jolies fanfares: la *Chinonaise* dédiée, en 1866 à M. Eugène Raguin, par le général de la Salle; la forêt de *Brossay*, composée en 1878 par M. Charles de Mauvise pour perpétuer le souvenir de la prise d'un vieux grand cerf qui avait eu lieu le 12 avril, en présence du général L'Hotte et de toute l'école de Saumur.

Mentionnons encore les équipages de:

M. *Prieur* au Château des Croix-de-Bault (près Gonnord) qui chasse le lièvre avec des *harriers-artésiens* tricolores à gorge superbe; et du Vicomte Christian de *Tredern* qui chasse le chevreuil autour de son château de la Lizière, près du Lion d'Angers. Il avait eu longtemps la location de la forêt d'Halatte, où son vautrait faisait merveille; mais, à l'expiration du bail, M. Joachim Lefèvre s'en était rendu adjudicataire.

Rallye-Montjoie est, à l'heure actuelle, un des meilleurs équipages de lièvre de tout l'Ouest. Formé en 1883, il appartient à MM. Roger et Maurice *de la Borde*, au château de la Loge, près Segré. Il se compose de *beagles* de race absolument pure, remarquables par la beauté de leur type et leurs qualités de chasse. Hauts de 38 1/2 à 40 centimètres, très-courts, bien râblés, doués d'une énergie extraordinaire et d'une grande finesse de nez, ils chassent vite et sûrement. Cette année, ils ont pris quarante-neuf lièvres et un renard, en une moyenne de une heure et demie à deux heures : c'est tout-à-fait par exception qu'un lièvre a duré au delà de ce dernier chiffre.

MM. de la Borde ne négligent rien pour assurer la remonte de leur meute dans les meilleurs conditions. Ils ont encore récemment importé d'Angleterre un étalon célèbre, *Maxim* à Sir William *Courtis*. Réciproquement les élèves de MM. de La Borde, franchissent souvent le détroit et servent à la remonte d'équipages anglais. Pour qui connaît l'exclusivisme britannique, il n'est pas de meilleure preuve de su-

La Rallye Montjoie
dédiée à Mr Roger de la Borde
par le Cte G d'Andigné
D.C.

périorité. Ce soin, ces efforts incessants ont été du reste récompensés par le succès obtenu dans toutes les Expositions canines à Paris, à Rennes, au Hâvre, à Nantes, à Roubaix, à Poitiers, à Limoges, à Angoulême, à Bruxelles, etc. Cette année en particulier, les vingt-six beagles exposés sur la terrasse du bord de l'eau par MM. de la Borde ont été l'objet d'unanimes éloges et ont mérité, sans conteste, le 1er prix qui eur a été décerné

En dehors des chiens chassant, qui sont au moins une trentaine, le chenil de la Loge contient un nombre important d'animaux d'élevage.

Les environs de Segré, théâtre d'action de *Rallye-Montjoie* sont couverts et accidentés. MM. de la Borde, y chassent à pied, avec de grandes perches longues de deux mètres qui leur servent à franchir les haies très hautes et très fournies qu'on rencontre à chaque instant. Cet exercice exige de solides jarrets; les maîtres d'équipage et leurs compagnons de chasse doivent déployer beaucoup de vigueur et d'entente de la vénerie pour suivre, dans ces conditions, le train de la meute. Tenue en velours bleu de roi avec parements noirs et galons de vénerie.

La jolie fanfare de *Rallye-Montjoie*, que nous reproduisons, est due au comte Geoffroy d'Andigné, l'émérite veneur Angevin.

Dans la partie de l'Anjou située au sud de la Loire, l'équipage de lièvre de la *Godinière*, à M. *Georges Turpault* mérite une attention spéciale.

Il se compose de 25 *beagles-harriers*, hauts de 50 centimètres, tricolores, à manteau noir et à face fauve, présentant un bel ensemble, qui a bien mérité de remporter le 1er prix à l'Exposition de Nantes (1888).

M. Turpault est un amateur ardent de vénerie; il a longtemps chassé le cerf et le chevreuil; il se consacre maintenant presque exclusivement au lièvre — et parfois au renard.

Son équipage qu'il a formé en 1878, chasse trois fois la semaine et prend régulièrement de 40 à 50 bouquins par an.

C'est dans les bois de Saint-Léger, Clenet, Maulevrier qu'il découple habituellement.

Ils sont d'un parcours assez facile, maisles débûchés sont terribles et continuels : on tombe dans des chemins creux que séparent des haies vives infranchissables.

En 1884, M. Turpault a créé un petit équipage pour chasser les blaireaux, et à entrepris une guerre acharnée, contre tous ceux de l'arrondissement de Cholet. Ses bull-terriers et fox-terriers en ont détruit 250 à l'heure actuelle.

Enfin, il vient de faire l'acquisition de l'équipage d'otter-hounds avec lequel M. de Tinguy chassait les loutres dans les marais salants de Talmont.

L'uniforme de l'équipage est : habit bleu — gilet bleu — culotte jaune clair.

Tout à fait à l'extrémité de l'Anjou, presque

en Poitou, voici enfin l'équipage du *Bois de Saint Louis*, l'un des meilleurs de l'Ouest au baron *Jacques de Vezins*,

Il a pour théâtre de chasses les forêts de Maulevrier et de Vezins : deux noms connus depuis longtemps des veneurs de la région. Le comte de Chabot nous a fait l'intéressant récit d'une chasse au cerf, pour laquelle les équipages de MM. de la Rochejacquelein et Terronneau avaient été réunis : dans l'assistance, les noms les plus illustres de l'Anjou et de la Vendée, Colbert-Maulevrier, de Sapinaud, Cathelineau, de Beauregard, de Chabot, etc. Les veneurs portaient une veste de drap garance serrée au corps par une ceinture écossaise, bleue, verte et jaune, la casquette et le pantalon de velours noir, les grandes bottes. C'était le 18 août 1828 ; rendez-vous au *Chêne Brûlé*, nom de circontance pour la température tropicale qui régnait alors. On attaque cependant à 9 heures du matin et la chasse se poursuivit à travers des péripéties sans nombre et de longs instants d'accablement sous le poids de la chaleur ; elle ne se termina qu'au coucher du soleil, par le plus émouvant des bat-l'eau, dans l'étang de Péronne, où l'animal se maintint 3 ou 4 heures au milieu des roseaux ou en pleine eau, avant de pouvoir être approché.

Le baron de Vezins est de la trempe de ces intrépides veneurs. Robuste, infatigable, il ne connaît pas les obstacles ; non seulement c'est un cavalier de premier ordre, mais il est passé maître en l'art de la vénerie ; il est aussi une excellente trompe. Très-bien secondé par son piqueur, Perruche, il dirige lui-même sa meute de 70 bâtards gascons-saintongeais avec une habileté consommée dans des conditions fort difficiles, en raison de la multiplicité

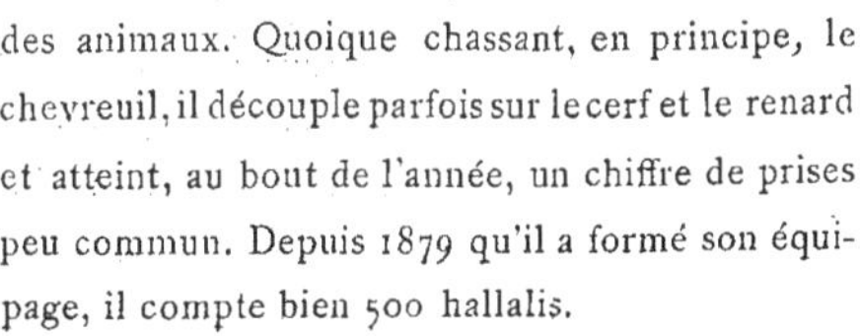

des animaux. Quoique chassant, en principe, le chevreuil, il découple parfois sur le cerf et le renard et atteint, au bout de l'année, un chiffre de prises peu commun. Depuis 1879 qu'il a formé son équipage, il compte bien 500 hallalis.

Le vicomte de *Chabot* qui habite le château de Villefort, à quelques kilomètres du Bois de Saint-Louis, chasse le lièvre dans les mêmes parages. Sa meute comprend une trentaine de chiens : beagles harriers tricolores, de la race de M. de Goué, et bassets griffons vendéens à jambes droites. Les uns et les autres ont beaucoup de vitesse et ne prennent jamais le change, malgré le grand nombre de cerfs, biches et chevreuils qui peuplent la forêt où ils chassent.

Il y aurait certes à faire tout un volume des seuls équipages poitevins. Aussi, pour ne pas ôter à notre étude le caractère général qu'elle comporte, devrons-nous nous borner à parler en détail des principaux et à mentionner simplement les autres.

Et, pour ne soulever aucune rivalité de préséance, parlons d'abord de *Rallye-Vendée*, association de veneurs qui par son ancienneté et son caractère anonyme mérite bien la première place.

Vouvent est son domaine. Vouvent ! la plus belle forêt de la Vendée. Trois mille hectares de hautes futaies dominant des gorges sauvages ou abritant des eaux doucement murmurantes. Les veneurs de la contrée racontent encore les prouesses de la *Société de la Morelle*, qui s'était formée au milieu du dernier siècle. A la Révolution, tous les gentilshommes poitevins laissèrent le couteau de chasse pour le mousquet beaucoup tombèrent victimes de leur dévouement à la cause royale et l'institution disparut pour longtemps. Il y a trente ans, M. de la Débutrie la ressuscita ; il créa *Rallye-Vendée* qui n'a pas cessé, depuis lors, d'affermer de l'Etat le droit de chasse en Vouvent. La forêt fut repeuplée grâce aux soins de M. de la Débutrie. Le duc de Lévis, intendant de Chambord lui accorda les chevreuils ; le Prince de la Moskowa, grand veneur, l'autorisa à prendre à Fontainebleau des cerfs rouges à St-Germain des cerfs noirs. Les sangliers étaient toujours restés très nombreux.

M. Armand de Béjarry est actuellement président de la Société. Les autres maîtres d'équipage sont MM. *Gustave de Chevallereau*, le *Comte de Jousselin*, de *Pontlevoy*, le *Marquis de Lespinay*, *Bally de Pont*. Ils possèdent chacun leur meute particulière avec laquelle ils chassent généralement le chevreuil; il se réunissent en Vouvent pour courre le cerf.

M. de *Béjarry*, au Château de Châteauroux près Sainte-Hermine, a une belle meute de vingt-cinq bâtards anglo-saintongeais, blancs ou manteau noir, hauts de soixante-cinq à soixante-six centimètres; ils proviennent de lices et d'étalons empruntés au célèbre équipage de la Débutrie ayant pour ancêtre *Souillard*, l'un des plus célèbres étalons de la race des chiens blancs; greffiers du roi. A l'Exposition canine de Nantes en 1888, cette superbe meute a obtenu le 1er prix, *ex-æquo* avec celle du Marquis de Lespinay: elle vient, cette année même de recevoir à Paris une consécration nouvelle, le prix d'honneur dans la 18e classe. Outre sa perfection d'ensemble, elle se distingue par un certain nombre de sujets hors ligne: *Ravisseur*, *Mervent*, *Finistère*, *Commodore*

LA FANFARE
DE LA
REINE
composée par M. de Dampierre
P.M.

Ravissante. Le père de M. de Béjarry était un veneur passionné qui entretint d'abord une petite meute de chiens de Vendée, puis une quinzaine de bâtards avec lesquels il forçait le lièvre dans les plaines de Sainte-Hermine et le renard dans les bois voisins.

M. Armand de Béjarry constitua son nouvel équipage dans les conditions que nous avons dites, en vue de chasser le chevreuil autour de son habitation et le cerf à Vouvent et à Vezins.

Il porte la tenue de la Société, c'est-à-dire l'habit rouge, sans parements distinctifs.

L'équipage de la *Mouhée* fut formé de concert par le marquis Alexis et son frère le comte Paul de Lespinay. A la mort de celui-ci, le marquis en resta seul maître ; c'est maintenant son fils, qui en a la direction.

Il compte une trentaine de bâtards de même origine que les précédentes et de qualités égales : les juges de Nantes ont sagement décidé en adoptant le verdict de Salomon. Cependant les chiens du marquis de Lespinay ont une proportion plus forte de sang anglais (les 3/4 environ) qui donne à beaucoup d'entre eux le manteau tricolore ; les meilleurs descendent d'une lice de M. de la Débutrie que le maître d'équipage fit saillir il y a dix ans par *Fanfaron*, que M. de Chabot avait acheté au chenil de Mios ; *Monarque*, *Damerest*, *Fend l'Air*, *Brin d'Amour*, *Ferrailleur*, *Dunois*, sont des sujets hors de pair.

Son terrain de chasse comprend les forêts de *Buchignon* et des *Essarts* où il découple en général de compagnie avec M. de Chevallereau. Il fait des déplacements en forêts de Chizé, de Pont Charrault, de Vezins.

Tenue : habit rouge avec parements verts ; le bouton porte un brocard sautant et la devise « *la Mouhée* ».

Le père de M. de *Chevallereau* s'occupa, en même temps que M. de la Débutrie, de la création de bâtards, chez lesquels l'infusion du sang anglais corrigait les imperfections de la race primitive. Il fit usage d'un excellent étalon provenant du chenil du duc de Grafton (et baptisé du nom même de son ancien maître) ; il lui donna des lices de Vendée choisies avec grand soin. Un peu plus tard il produisit de nouveaux croisements entre ses bâtards vendéens et des anglo-saintongeais. C'est ainsi qu'il parvint à constituer la meute de Bois Sorin que son fils a continué à entretenir avec beaucoup de soin et d'art.

Depuis cette époque des modifications assez importantes, ont été la conséquence de l'infusion de nouvelles doses de sang saintongeais ; la couleur est devenue blanche et noire — avec quelques marques de feu aux paupières, indice des croisements précédents ; les chiens se distinguent par leur tête légère, leur longue encolure, le dos court et le rein puissant, le fouet droit et bien porté. Seul ou réuni à celui du marquis de Lespinay, l'équipage du Bois Sorin chasse d'une manière très brillante et compte tous les ans plus de vingt prises. A ces réunions on voit, MM. le comte de Tinguy, le vicomte de Rougé, Paul Perrau, de la Claye, Esgonnière, de Puiberneau, Maurice de Buor, de Saint-Pierre.

M. de Pontlevoy possède 40 griffons de Vendée à poil dur, ayant un peu de sang gascon. Il chasse dans les bois de Châteauroux avec l'équipage de Béjarry. Tenue rouge.

Le *Comte Calixte de Jousselin* a une meute de 25 anglo-saintongeais qu'il réunit presque toujours à ceux de *M. de Suyrot*, (au nombre d'une douzaine) pour chasser le chevreuil dans les bois de la Beaugissière. M. de Suyrot possède aussi un équipage de lièvre : 15 harriers. L'un et l'autre ont la tenue rouge à parements blancs.

M. *Bailly-du-Pont* fait usage de griffons vendéens, d'excellente origine. Réuni à celui de M. de Béjarry cet équipage a obtenu de remarquables succès sur les chevreuils de la forêt des Vieilles-Verreries.

Tout Paris a admiré à l'Exposition canine la meute de *M. de Baudry d'Asson*, qui, a plusieurs reprises, y a obtenu les plus hautes récompenses. Elle est composée de 35 vendéens de race très pure, remarquables par leur ensemble, blancs et orange, la tête nerveuse, l'oreille souple, mince et bien tombante le poil court et fin, les membres musclés et élégants.

Cette race Vendéenne était autrefois très estimée. Nous en avons un haut témoignage dans la *Chasse Royale* du roi *Charles IX*. « Ce sont, dit-il, chiens gris, grands, chiens hauts sur jambes et d'oreilles. Ceux de vraie race ont l'échine large et forte, le jarret droit et le pied bien fermé. Ce sont chiens enragés, car il se faut rompre le col et les jambes pour les tenir. Si un cerf se dresse ils le prendront et vite. » Quelques-uns des caractères de la race ont été modifiés, entre autres la couleur ; mais elle n'en conserve pas moins ses qualités primordiales, qui ont été développées à un haut degré au chenil de Fonteclose.

M. de Baudry d'Asson possède une seconde meute de dix-huit griffons vendéens blancs et orange à poil dur, remarquables spéciemens d'une race intéressante qu'il conserve également avec beaucoup de soin et d'intelligence.

La tenue est verte avec col et parements blancs, Devise : *Soutiens-Vendée.*

Le sympathique député chasse dans tout le Marais, particulièrement en forêts de Touvois, d'Aizenay, Machecoul, la Garnache ; il effectue aussi des déplacements en Bretagne, en forêts de Saint Gildas et de Camors.

Il se distingue par son amour de la chasse, son rare instinct cynégétique et surtout son intrépidité équestre. Combien de prouesses à citer de lui ! On se rappelle le succès qu'il obtint au Concours hippique avec *Poire-Tapée* qui sauta en neuf minutes seize secondes cent barres fixes distantes de six mètres. Avec une autre de ses juments de chasse, *Violette*, il n'hésita pas à franchir une barrière de chemin de fer, haute d'un mètre trente-cinq à portée d'un train qui arrivait à courte distance pour enlever ses chiens tombés en défaut sur la voie.

Non moins connu de tous les veneurs, est l'équipage du *Parc Soubise* au *Comte de Chabot*. Il est certainement l'un de ceux qui ont poussé le plus loin l'art de la chasse et celui de l'élevage qui en est inséparable. Il a composé un remarquable traité de la chasse au chevreuil et tout le monde s'incline devant les jugements qu'il porte sur tout ce qui touche à la Vénerie, soit comme membre du jury dans les Expositions Canines, soit dans les causeries qu'il se plaît à écrire pour les revues et journaux spéciaux.

L'équipage du Parc Soubise, d'abord composé de vendéens et destiné à la chasse du lièvre a été formé en 1845 par le père du propriétaire actuel, qui a pour ainsi dire connu la vénerie depuis son enfance. Il a d'abord chassé le lièvre, en compagnie de son frère, en Vendée et dans les brandes de Poitiers et de Montmorillon. Puis tous deux s'occupèrent d'élever quelques bons bâtards issus d'une lice de 3/4 sang anglais (achetée à MM. de Villeneuve) et d'un étalon irlandais noir et feu (*Kerry beagle*) appelé *Black*, excellent chien de chevreuil au Général de la Rochejacquelin. Ils constituèrent ainsi une meute parfaite, qui, pendant quinze ans leur permit, quoique peu nombreuse de prendre en forêt de Chinon un nombre considérable de chevreuils : c'était affaire de deux heures et demie en moyenne.

C'est plus tard que MM, de Chabot introduisirent dans leur meute le sang bâtard de la Débutrie, qui lui donna beaucoup de distinction et de cachet. *Vénus*, chien de Saintonge et *Panthère* lice de Gascogne furent le point de départ de cette transformation. Il y eut aussi une infusion de quelques gouttes de sang du Haut Poitou dont on retrouve la trace.

Vers 1879, le frère de M. de Chabot ayant cédé ses chiens au comte Anatole d'Autichamp, le maître d'équipage continua seul son œuvre. « Je « me suis, dit-il, tracé comme but à atteindre

« celui de fondre ensemble tous ces éléments et, « au moyen d'une sélection bien entendue, d'un « esprit de suite raisonné, d'acquisition à tout « prix de sujets français, se rapprochant le plus « possible de l'ancien type saintongeais, de créer « une sous-race qui se rapprochât le plus pos- « sible comme distinction et couleur de cette « superbe race française disparue entièrement en « France comme race pure, le chien de Saintonge « du comte de Saint-Légier. »

De fait, le comte de Chabot a maintenant une meute hors ligne, au point de vue soit de la beauté extérieure, soit des qualités de chasse. Ses trente bâtards ont le manteau noir et blanc bien uniforme, avec des taches de feu aux yeux ; ils sont à la fois forts et légers, ardents à la chasse et résistants. Ils ont obtenu, il y a quelques années, un prix d'honneur à l'Exposition canine de Paris.

Le comte de Chabot chasse dans la forêt du Parc Soubise et dans celle de l'Hébergemont (Vendée). Il fait de fréquents déplacements en Anjou, en forêts de Vezins, de

Maulevrier, de l'Epaud. Chaque année, il prend une dizaine de cerfs et de trente à trente-cinq chevreuils.

Sa tenue est l'habit rouge avec parements blancs; sur le bouton est une trompe avec la devise *Vendée!*

Parmi les équipages de moindre importance nous donnerons une mention spéciale à celui de *M. Henri de La Brunière*, au château de la Ganaude. Il chasse lièvre et renard avec une meute de vingt griffons vendéens, de soixante-deux centimètre, blancs et oranges et blancs gris de loup qui ont été fort distingués et primés à l'Exposition de Paris en 1885 et à celle de Nantes en 1888.

Lauréats de Nantes également, les briquets griffons vendéens de *M. Eugène de Grandcourt* qui chasse le lièvre près de Saint-Fulgent. M. de Villebois-Mareuil vient se joindre à lui une partie de la saison.

Les griffons vendéens de *M. Henri Godin des Forges* sont au même degré de beaux spécimen de la race.

Ils prennent tous les ans force lièvres et renards.

Le *Vicomte de Tinguy*, à Moussac, chasse le lièvre avec une meute de vingt bassets à poil ras, noir et feu, d'une variété particulière. Il les obtient par le croisement de bassets purs avec des lices de sang français ; il nait 2/3 de bassets et 1/3 de grands chiens qu'on noie. Les sujets élevés sont d'une excellente qualité : un peu longs, bien membrés, à pattes droites, marchant bon train et criant ferme. Ils ont eu le 1er prix de leur classe à Nantes (1888).

Le vicomte de Tinguy possédait également un équipage *d'otter hounds* qu'il vient de céder à M. Georges Turpault. La chasse à la loutre, très-répandue en Angleterre, est rare en France. Elle est cependant fort amusante. On profite de la marée basse pour chasser dans les *laisses*. Un vaste filet barre les chenaux qui permettraient à la loutre de gagner le large, et, les chiens la forcent véritablement à la nage. Au moment où elle essaye de se sauver à terre, ils bondissent sur elle et l'achèvent.

Nous nous bornons à mentionner les équipages suivants :

ÉQUIPAGES DE LIÈVRE ET DE RENARD.

M. du Garreau, à la Sicaudière : vingt-cinq bicens de Vendée ;

M. Payraudeau, au château de Brouzils : vingt bâtards anglo-saintongeais ;

M. Guy de Fontaine, à Réaumur : bâtards tricolores ;

M. Febvre, à La Roche-sur-Yon : vingt chiens vendéens ;

M. Gillaizeau, à Talmont : vingt grands chiens de Vendée.

ÉQUIPAGES DE LIÈVRE.

MM. Paul et *Alfred Querqui* : chacun vingt beagles harriers tricolores ; ils chassent ordinairement ensemble dans les bois de Chassenon et de Boucheaux ;

M. Alain de Goué: vingt beagles harriers tricolores ; il chasse dans les bois du Champ-Saint-Père.

Moins riches que la Vendée, les Deux-Sèvres comptent cependant plusieurs équipages importants, dont l'un de principaux est le *Rallye-Péré-Beauvoir* à MM. de Lauzon, le vicomte de Jousselin et du Temps.

Il chasse le chevreuil en forêt de Chizé — un beau massif de cinq mille hectares situé à la limite de la Charente-Inférieure. Cette forêt se compose de taillis, très-fourrés et durs aux chiens ; mais elle est bien percée et le sol, peu accidenté, est excellent pour les chevaux. Elle est très giboyeuse.

Quarante bâtards anglo-saintongeais composent la meute.

La tenue est rouge, avec bouton portant une tête de chevreuil.

Cette même forêt voit encore *Rallye-Chizé*, équipage qui, dans une certaine mesure, pourrait se rattacher à la vénerie saintongeaise puisque son maître, le comte de Saint-Légier habite la Charente-Inférieure.

Le comte de Saint-Légier est le petit-fils du célèbre veneur qui a acquis une légitime réputation en prenant son élevage à tâche de conserver dans leur intégrité, les propriétés de la race saintongeaise, l'une de nos plus belles et de nos plus anciennes. Lui-même soutient avec honneur ces traditions. Ses chiens se font remarquer par leur distinction extraordinaire ; ils présentent un ensemble de caractères qui prouvent bien la pureté de leur sang : la tête sèche, le nez très légèrement retroussé, les oreilles demi-longues et fines, la poitrine profonde, les pattes nerveuses et allongées. Leur robe est d'un beau blanc mat avec des taches noires et des marques de feu pâle. En chasse, ils ont une allure assez rapide et surtout soutenue et cette exquise finesse de nez qui n'est le partage d'aucune autre race.

Il chasse le chevreuil deux fois la semaine.

Les réunions de Chizé sont toujours très suivies MM. de la Grange, le comte d'Armaillé, Roy de l'Isle, de la Bassetière, Dutemps de Dampierre, et de nombreux officiers de cuirassiers de Niort, assistent aux laisser-courre des deux équipages.

Au Pas des Chaumes, près de Chef Boutonne, nous trouvons un autre équipage de chevreuil, également fort bien dirigé à MM. *Armand et Robert Hennessy*. Il se compose de trente cinq bâtards tricolores anglo-saintongeais.

MM. de Champvallier, le baron de Varenne et de la Chèvrelière suivent assidûment les laisser-ourre de cet équipage dont la tenue est l'habit vert avec gilet orange.

Fort curieux ce coin des Deux-Sèvres qu'on appelle la Gâtine. C'est le pays de Jacques du Fouilloux, l'illustre maître en vénerie, qui y pratiqua longtemps cet art dont il formula les préceptes d'une manière si compétente et si originale. Aux dificultés habituelles du pays de Bocage, haies impénétrables, hautes clôtures en bois, talus larges et élevés que bordent de chaque côté des fossés profonds, s'ajoute la présence d'une foule de ruisseaux et d'étangs formant parfois un inextricable dédale.

Le comte *Charles de Beauregard*, y chasse le lièvre aux environs de Châtillon-sur-Sèvre dans la forêt de la Boissière; il fait un déplacement annuel à Chausseraye, près de Bressuire. Gendre du comte de Chabot, il était à trop bonne école pour ne pas se distinguer aussi dans la vénerie.

Sa meute de quarante beagles-harriers est, en tout point, excellente. Elle a eu le deuxième prix à l'exposition de Nantes en 1888, où elle rivalisait avec celle de MM. de la Borde. Le train en est très rapide ; dans la plupart des chasses, l'animal est forcé en moins d'une heure. Le nombre des prises dépasse quarante au bout de la saison.

Présents à ces réunions : le vicomte et la vicomtesse Ferrand, le vicomte Jean de Chabot, MM. Loury, Gaston et Louis de Moussac.

MM. *Georges* et *René Bordier*, chassent le chevreuil dans les mêmes parages. Les habitations des deux cousins sont voisines de Saint-Maixent et ils ont réuni leurs chiens en un seul équipage *Rallye-Fougère.*

Leur meute, dont la formation remonte à trente ans et est due aux pères des propriétaires actuels, se compose de 40 bâtards anglo-poitevins, avec un peu de sang gascon-saintongeais. Ce sont des animaux de 23 à 24 pouces, d'une belle conformation, solides et très tenaces ; la plupart sont tricolores, plusieurs cependant sont noir et blanc, avec quelques marques de feu seulement.

Rallye-Fougère a pour principal théâtre de chasse la 'orêt de la *Saisine*, propriété de MM. Georges Bordier et de Maubué. Ce dernier cède à son co-propriétaire le droit de chasse dans son lot. L'équipage opère également dans les forêts voisines de la Melleraye, de l'Hermitoin et dans les bois de Saint-Martin du Fouilloux, du Soudan, des Saint-Girots. Il fait enfin quelques déplacements en dehors de la Gatine, particulièrement à Chizé.

Les chasses ont lieu régulièrement deux fois la semaine à partir du 1er novembre et le total des prises s'élève à 25 animaux.

La tenue est l'habit gros vert avec col et parements de velours noir, le gilet en drap rouge, la culotte en velours anglais gris; le bouton d'argent porte la devise : *Patience et persévérance.* La livrée des piqueurs est en drap vert sans parements, avec toque à galon d'argent.

Nous mentionnerons parmi les petits équipages de lièvre, ceux de messieurs :

Fernand de Marcé, qui chasse dans les bois de Maurivel avec 20 harriers tricolores;

Le *vicomte de Rouhaut*, qui possède 15 briquets noir et feu;

Le Baron *Godet dela Ribouillerie*, qui a une quinzaine de briquets poitevins.

La partie du Poitou qui a formé le département de la Vienne est, sans contredit, la plus intéressante de cette province — et peut-être de toute la France — par l'abondance et la variété des animaux. Il y en a pour toutes les préférences, depuis le modeste bouquin jusqu'au cerf et auloup.

C'est ce fauve que chasse de préférence le vicomte *E. de la Besge,* propriétaire du *Rallye-Persac*. Il a conquis une place toute particulière dans la vénerie parle soin qu'il a mis à reconstituer et à entretenir l'une de nos races indigènes les plus estimées, celle du Haut-Poitou.

L'origine de ces chiens est assez controversée. Ils se rapprochent, sous certains rapports, du type saintongeais, mais leur taille ne dépasse guère vingt-trois pouces ; ils sont souvent tricolores ; leur physionomie est intelligente, l'oreille courte et un peu recoquillée ; ils ont une grande finesse de nez, une véritable passion de la chasse ; ils sont vites, droits dans la voie, infatigables, parfois difficiles à créancer.

La meute du vicomte de la Besge comprend 30 chiens. Lui-même les conduit : car il est un veneur aussi expert qu'intrépide. Les déplacements qu'il a parfois effectués sont de vrais tours de force. Il a successivement pratiqué tous les genres de chasse. C'est maintenant dans la voie du loup et du cerf qu'est mis son équipage.

Ses chasses ont lieu en forêts de Lussac, de Moulière et de Verrières. Elles sont suivies par le comte et le vicomte de Beaumont, le vicomte Decazes, etc.

Pendant toute la saison le château de Persac est un centre de réunions brillantes où les veneurs de la région trouvent la plus aimable hospitalité.

La tenue est verte avec parements noirs, le bouton porte une tête de loup dans un collier de chien.

MM. *Edmond* et *Edouard Guichard*, s'attaquent au loup et au sanglier avec leur excellent équipage mi-partie de chiens du Haut-Poitou, mi-

RALLYE PERSAC
dédiée à M. le Vicomte E. de la Besge
par M. H. de la Porte
D.C.

partie de bâtards saintongeais. Ils chassent en forêts de Brillac et de Vieilles-Forges.

Leur tenue est verte; le bouton, bronzé, porte une tête de loup.

EPUIS cinq ans qu'il a formé son équipage de chevreuil *Rallye-Plessis*, *M. Raymond Dupuytren* a pris une bonne place parmi les veneurs poitevins. Il chasse une grande partie de l'hiver en forêt de Moulière, où il possède le joli rendez-vous des Martins, dans une situation exceptionnelle, à la lisière des bois, à dix kilomètres de Poitiers. Ses laisser-courre attirent un grand nombre de sportmen, parmi lesquels nous citerons : le vicomte de la Besge, le vicomte d'Autichamp, le marquis de Campagne MM. Georges Calmann Lévy, de Gaschon, baron du Crozet, comte de Nieul, vicomte de la Débuterie, de Possay, etc.

L'équipage comprend soixante bâtards poitevins, très bien créancés, dirigés par un piqueur émérite « la Ramée » que secondent deux autres piqueurs à cheval et deux hommes à pied. Le total des prises est de 35 chevreuils et de quelques sangliers.

Pendant la saison dernière, l'équipage a fait un déplacement fort heureux dans les forêts de Saint-Fargeau et d'Orléans et, malgré les difficultés résultant d'un changement de région, son succès a été complet.

Tenue : drap vert avec col, revers et parements en velours amaranthe ; le bouton porte un D avec un chevreuil passant et la devise : *Rallye-Plessis*.

Concurremment avec les chasses au chevreuil de M. Dupuytren, la forêt de Moulière voit celles de l'équipage de cerf de *Taïaut-Rallye à M. Arthur de la Besge*, (au Château de Pindray). Ce veneur tient avec distinction la place que le châtelain de Persac a donné à son nom.

Il possède également des chiens du Haut Poitou fortement charpentés au nombre de 25. C'est lui-même qui dirige son équipage, avec le concours de ses fils MM. Maurice et Etienne de la Besge et de Mirel, premier piqueur.

Il chasse à Moulière et en forêt de Lussac : celle-ci se trouve encaissée entre la Vienne et des côteaux à pic ; son sol rocailleux offre un mauvais revoir et, vu sa faible étendue, les animaux qui sont fort nombreux, sont constamment debout ; On ne peut donc y réussir qu'avec des chiens fort bien créancés.

Tenue : verte avec col et parements vert clair, gilet rouge ; sur le bouton un loup courant dans un collier de chien avec la devise : Taiaut Rallye.

MM. Henri du Ché et le comte Jean de Lastic joignent ordinairement leurs chiens (20 bâtards du Haut Poitou), à ceux de l'équipage. Parmi les autres habitués des chasses: le marquis, le comte et le vicomte de Grally, le marquis de Campagne, etc.

M. de Mauvise est l'auteur de la fanfare, la *Pindray* :

Voilà le père Arthur qui part.
Taiaut ! *Rallye* sus au louvart !
Voilà le père Arthur qui part.
Prends garde à toi ! gros cerf et louvart.

A Poitiers même, citons le *Comte d'Autichamp*, auquel le vicomte Raymond de Chabot, frère du maître d'équipage du Parc Soubise a cédé sa meute il y a quelques années ; M. de Chabot avait longtemps chassé le chevreuil, à Villefort, dans cette partie de l'Anjou où sont les giboyeuses forêts de Vezins, de l'Etusson, de la Boissière ; il a maintenant un équipage de lièvre dont nous avons parlé plus haut. M. d'Autichamp a soigneusement conservé le type de ces beaux bâtards tricolores : ils sont en bonnes mains qui sauront toujours bien les diriger.

L'équipage comprend une trentaine de chiens ; il chasse exclusivement le chevreuil en forêts de Saint-Hilaire, de l'Epine et dans les Bois Béruges.

Tenue bleue avec parements groseille.

MM. *Lecointre* et *Ayné de la Chevrelière* possèdent aussi une meute de 30 bâtards poitevins, qu'ils découplent souvent avec celle du comte d'Autichamp en forêt de l'*Epine*.

Seuls, ils chassent à Clavières et font un déplacement annuel en Limousin.

Leur tenue est bleue.

Le marquis *de Campagne*, au château du Fou, réunit également ses chiens à ceux du comte d'Autichamp pour chasser en forêts de Moulière et du Fou.

Il possède 25 bâtards poitevins.

Tenue verte, à parements noirs.

Le baron *Alfred de Cressac*, a été longtemps président de la Société des chasses en forêt de *Moulière*. Son équipage particulier comprenait de 30 à 40 bâtards poitevins, avec lesquels il prenait une trentaine de cerfs et chevreuils dans les forêts de Moulière, des Coussières et de Saint-Sauvant.

La tenue était bleue avec col et parements rouges, galonnés d'argent; bouton d'argent portant un cerf bondissant, d'or.

Forcé, par raison de santé, à renoncer au dur

exercice de la chasse d'une façon presque complète, le baron de Cressac a cependant tenu à conserver les plus beaux types de sa meute, dont la race est ainsi perpétuée au chenil du château de Beaucoursier.

Fort ancien, l'équipage entretenu de concert par le marquis, le comte et le vicomte de *Grailly*. Leur famille est l'une des plus illustres du Poitou ; elle descend de ce fameux Captal de Buch, dont les chroniqueurs de la Guerre de cent ans nous ont narré les exploits.

Le goût de la vénerie y est héréditaire et le chenil du château de Panloy n'a jamais cessé d'abriter de beaux et vaillants chiens, ardents à l'œuvre, francs dans la voie.

La meute de MM. de Grailly se compose de 30 chiens du Haut-Poitou. Elle chasse le chevreuil dans les bois de Charroux et le cerf en Moulière où elle rallie souvent avec celles de MM. de la Besge, le marquis de Campagne, Treuille et Lecointre. Tenue verte à parements noirs.

Rallye-Chistré, à M. Raoul Treuille est un excellent équipagede cerf. Il compte trente bâtards du Haut-Poitou dont le père de M. Treuille avait commencé à constituer la race par croisement entre *Lucrèce*, chienne de la race de Foudras et un chien de M. de la Besge.

M. Treuille habite le château de Chistré près de Vouneuil-sur-Vienne, à la limite du Berry. Il chasse dans les forêts de Moulière, de l'Epinat et surtout dans celle de la Guerche, où le terrain est très dur, les fourrés épais ; la Creuse et les Etangs du Rond y occasionnent des bat-l'eau contiuels.

Pour réussir dans ces conditions, il faut des chiens bien créancés, intrépides et habilement conduits. Le premier piqueur, Joseph Robert les dirige avec beaucoup d'art ; trois autres hommes complètent l'équipage. Par an, de 25 à 30 prises.

Suivent assidument ces laisser-courre : Mme et Mlle Treuille, et la comtesse d'Escairac, hardies amazones, MM. le vicomte de Pully, le marquis d'Auberry, le baron de Champchevrier, le comte d'Harambure. Tenue verte, avec parements noirs.

Quoique son existence ne remonte qu'à trois années, le *Rallye-Poitou* a déjà fourni une honorable carrière. Plusieurs veneurs poitevins, le marquis de Sévelinges, MM. Raymond du Verrier, Alexandre Gouge, René Favre ont constitué cet équipage qui comprend 70 bâtards du Haut-Poitou, issus pour la plupart du sang de Persac : leurs pédigrées, remontant au-delà de 1830, leur constituent des titres de noblesse peu communs. Cinq hommes à cheval font le service de l'équipage qui chasse alternativement le cerf et le chevreuil, en forêt de la Guerche et dans les bois de la Loge de Raboué (au baron de Coral) et de Coussières.

Rallye-Poitou a compté dans la dernière saison, 37 prises sur 39 attaques : nous ne comprenons pas dans ce chiffre les trophées propres aux différents équipages qui, en dehors des réunions communes, chassent isolément.

L'habit est rouge avec col, revers, parements et gilet vieil or; culotte grise; bouton d'argent, à la tête de brocard or, enchassée dans une trompe avec la devise « *Rallye Poitou.* »

Les veneurs qui ont constitué le *Rallye-Poitou* étaient déjà à la tête d'équipages importants qu'ils ont continué à découpler isolément une partie de l'année.

C'est ainsi que le marquis de Sérelinges chasse le chevreuil avec ses 25 bâtards poitevins, autour de son beau château de Biarçon. A ces laisser-courre la marquise de Sévelinges se montre amazone des plus intrépides.

M. Gouge et son gendre M. du Verrier ont en commun une trentaine de poitevins avec lesquels ils s'attaquent aux cerfs, aux chevreuils, et même aux louvards. Le château de Monts (près Couhé-Vienne) est le centre de leurs chasses qui s'étendent jusqu'aux forêts de Coussières, de Saint-Sauvant, etc.

Tenue verte avec gilet de velours rouge, culotte havane, — bouton d'or, portant une tête de loup.

Le comte *Raoul de Maichin*, au Château de Vernon possède un équipage de lièvre de premier ordre *Rallye-Lepus* : quinze bâtards poitevins de dix-huit à vingt-et-un pouces qu'il découple généralement avec ceux, en nombre égal, de M. *Richard*, à la Villedieu. M. de Maichin effectue divers déplacements au cours de la saison, en particulier à Saint-Loup (Deux-Sèvres).

La tenue est bleue avec col et parements jaunes; le bouton porte un lièvre courant et la devise *Rallye Lepus*. Fort jolie, la fanfare *la Vernon* par MM. H. de la Porte et François Joubaire.

Le Comte *Charles de Maichin*, frère du précédent et résidant également à Vernon, chasse le loup et le sanglier avec une belle meute de vingt bâtards saintongeais. Il a la tenue verte à parements noirs adoptée par un grand nombre d'équipages de la région. Son bouton porte un sanglier coiffé avec la devise « Hallali-Saintonge. »

MM. de Maichin sont des veneurs très-distingués qui suivent assidument toutes les chasses à courre de la région.

Rallye-Verrière a été formé récemment par MM. le Comte de Marne, Alcide et Hector Dorveau, des Veaux et Dupas. Ils ont repeuplé la belle forêt de Verrière où ils chassent habituellement ainsi que dans celles de Gouëx et des Cartes.

Leur meute se compose de soixante-dix bâtards poitevins mis dans la voie du cerf, du chevreuil et du loup. Tenue verte.

En forêt de *Scévole*, opère l'équipage de cerf et de chevreuil *Rallye-Guérinière*, au comte Daniel de Rochequairie. Il compte environ cinquante bâtards poitevins et vendéens de grande taille, vites et bien gorgés, admirablement créancés : dans le lot, quelques sujets de premier ordre tels que *Séducteur*, *Royaleau*, *Voltigeur*, *Carillon*. Le premier piqueur, Jules, est un des meilleurs de l'Ouest; sa ténacité surtout est extraordinaire et triomphe des situations les plus difficiles. Les chiens sont en général découplés de meute à mort : ils prennent par an vingt chevreuils et dix cerfs.

Homme de cheval intrépide, le comte de Rochequairie est aussi le plus aimable des hôtes, secondé dans sa tâche, par sa charmante compagne; les châteaux d'Aunay et de la Guérinière sont, pendant la saison, le théâtre de réunions très-recherchées. Citons parmi les fidèles : MM. d'Oyron, de Charette, de Solange Gaston Hublot et Guiet.

L'habit est bleu avec galons de vénerie en argent. Le bouton d'argent porte une tête de chevreuil d'or enchassée dans une trompe et la devise *Scévole*.

M. d'Oyron que nous venons de citer est lui-même à la tête de *Rallye-Loudun* qui chasse cerfs et chevreuils dans le parc d'Oyron et dans tous les environs. Il fait usage de bâtards poitevins tricolores de vingt-quatre à vingt-deux pouces. Sa tenue est vert foncé. Le bouton, d'or, porte un cerf courant.

M. Gaston *Hublot*, au château de Billy (près Mirebeau) a formé un équipage qui a pris une bonne place en Poitou.

Ses chiens sont de pure race française. Il les a obtenus par un croisement savant du vieux sang poitevin (ancienne et célèbre race *Larry*) et de gascons saintongeais de MM. de Ruble et de Carayon Latour.

Les sujets ainsi obtenus constituent une véritable race, bien confirmée depuis 1883, à laquelle il a donné le nom de Billy. Ils ont de vingt à vingt-deux pouces, sont tricolores pâles avec le manteau en grandes taches sur le corps et quelques légères mouchetures bleues sur le fond de la robe blanche. Ils sont légers et élégants, la tête longue, le nez busqué, admirablement gorgés.

M. Hublot chasse ordinairement le lièvre,

parfois le renard et le chevreuil. Il découple une douzaine de chiens qui, conduits par un très bon piqueur, Delphin, ne manquent jamais de prendre leur lièvre en une moyenne de deux heures à deux heures et demie.

Il réunit souvent son équipage à celui de son cousin le comte Ch. de Lastic Saint-Jal, dont les chiens viennent de Billy.

Les bois de Chouppes, de Beauvais, de Beaulieu, la forêt de Scévole sont le théâtre de ces chasses.

Elles sont suivies par MM. du Rivault et son fils, M. E. Roblin et M. Henri Hublot, frère du maître d'équipage.

Tenue : jaquette brune, gilet gris-brun, culotte grise ; bouton portant une tête de renard dans une trompe.

La devise est *Rally Billy Courage.*

Fort jolie fanfare composée par M. L. Duri-

LA BILLY
Allegro.
f
Fin
ff
D.C.

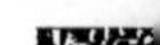

vault, beau-frère de M. Hublot qui est lui-même une trompe de premier ordre.

Aux environs de Lusignan, *M. Venault de Lardinière*, au château de la Livraye, possède un bel équipage de quarante bâtards anglo-poitevins-saintongeais. Il le réunit généralement à celui de M. de Marsay (quinze bâtards) pour chasser cerf et chevreuil. Sa tenue est bleu de ciel; le bouton, d'or, porte une tête de loup.

Les Charentes peuvent au point de vue de la chasse, être considérées comme une annexe du Poitou. Nous avons cité le Comte de St-Légier chassant à Chizé; nous trouvons non loin de lui M. de *Corderoy du Tiers*, à Confolens, qui chasse le loup avec un bon équipage de vingt-cinq bâtards.

MM. Edgard et Henri de *Lassé*, habitant aux environs de Ruffec réunissent leur meute de bâtards à celle de M. *Nebout*, veneur poitevin pour chasser loups et renards. Ils découplent ensemble de vingt à trente chiens.

En nous avançant dans la direction du Limousin, voici la *Vénerie Charentaise*, dans la belle forêt de la *Braconne*. C'est un vaste massif de 4500 hectares, entre Angoulème et Larochefoucauld, composé de futaies et de taillis de chêne, assez bien percé, mais accidenté et dont les chemins, établis sur le rocher, sont très-durs. On y remarque un phénomène naturel des plus curieux : par suite de bouleversements géologiques, la roche calcaire du sous-sol présente des excavations de profondeur inconnue, telles que la *Grande Fosse*, la *Fosse Mobile*, auxquelles s'attachent naturellement les plus terrifiantes légendes. C'est dans des fissures de ce genre que se perdent les deux rivières dites *infernales*, le Bandiat et le Tardoire qui arrosent une partie de la forêt. Elles reparaissent en bouillonnant à 12 kilomètres à l'Ouest et donnent naissance à la Touvre qui a immédiatement 80 mètres de large et porte bateau.

La *Braconne* a été peuplée de cerfs pris à Compiègne en 1868 ; les animaux sont de belle race, très vigoureux, souvent terribles à l'hallali. La

chasse a été affermée par la *Vénerie Charentaise*. dont le président est M. Joseph de Villemandy de la Mesnière, lieutenant de louveterie.

Les trois équipages associés, composés uniformément de bâtards vendéens, sont :

1° Celui de M. Victor Roux de Reilhac, au château du Châtelard — 20 chiens ;

2° Celui de MM. J. de Villemandy, de la Mesnière, au château du Gazon et Charles Dubouché, au Château Rocher — 25 chiens ;

3° Celui du vicomte Guillaume de Dampierre, lieutenant de louveterie, au château de Nieuil — 20 chiens.

Le premier de ces équipages est déjà fort ancien : les deux autres datent de 1883. M. Victor de Roux de Reilhac, qui vient de mourir à la fin de la saison, était un veneur consommé et de longue expérience ; à près de 80 ans, il ne manquait jamais une prise. donnant à tous l'exemple de l'ardeur, de l'entrain, de la bonne humeur, faisant revivre ainsi les traditions de l'ancienne vénerie française.

Le jeune président de la Société est d'une intrépidité à toute épreuve; sans cesse à la queue des chiens, même dans les passages les plus difficiles. En veut-on un exemples entre bien d'autres? Après s'être fait battre dans diverses enceintes, le cerf avait pris son parti sur la forêt de Boixe, l'avait traversée dans toute sa longueur; puis prenant l'eau à Rehoisy, traversant la Charente, franchissant les murs du parc de Verteuil, il était venu se mettre encore à l'eau à Ruffec; après ce délacher de plus de cinquante kilomètres, il ne restait en chasse que cinq chiens qui noyèrent l'animal; M. de Villemandy ne les avait pas abandonnés un instant et l'hallali était pour lui un vrai triomphe.

Parmi les veneurs suivant le plus fidèlement les chasses, il faut citer MM. Yrieix de James, du Jonchay, de Laurière, de Matet, de Montarby, Rizat, de Verneilh et plusieurs officiers des garnisons voisines MM. de Vésian, le gentleman-rider bien connu, de Loisy, René de Villemandy.

La *Vènerie Charentaise* prend de quinze à vingt cerfs en Braconne, avec des durées de chasse de trois à quatre heures. Pendant les premiers mois de la saison, elle chasse aussi le loup non seulement en Braconne mais dans les forêts voisines de Bel-Air, des Quatre-Vents et de la Boixe : en moyenne elle prend quinze louvards.

Tenue: habit rouge avec parements grenat. Le bouton est d'or et porte un sanglier à l'hallali au dessus duquel se lit sur une banderolle la devise : *Hallali-Charente.*

LES ÉQUIPAGES DU MIDI

Les équipages que nous réunissons sous ce titre sont disséminés dans des provinces éloignées et fort différentes et ne présentent pas, à beaucoup près, ces particularités communes qui caractérisent ceux de telle ou telle autre région. Mais si le lien qui les réunit est de convention, l'intérêt qui s'attache à la description de chacun d'eux reste considérable et quelques-uns sont tout-à-fait de premier ordre.

En Périgord, le sanglier est fort répandu: histoire peut-être d'affinité — lointaine — avec le modeste mais utile chercheur de truffes.

C'est aussi l'une des régions, où les loups se plaisent à chercher un refuge. La Dordogne figure en tête de tous les départements pour le nombre de ces fauves tués dans la dernière saison: 20 loups, 3 louves pleines et 86 louveteaux. La Charente vient ensuite avec 35 loups et 43 louveteaux ; puis la Vienne avec 32 loups, une louve pleine et 17 louveteaux ; La Creuse, avec 13 loups, 2 louves pleines et 11 louveteaux complète le tableau de la région.

La Lorraine elle-même où nous trouvons ensuite les chiffres les plus élevés, ne saurait entrer en comparaison : le total des animaux ne dépasse pas 31 dans la Meuse, 28 en Meurthe-et-Moselle, 26 en Haute-Marne, 19 dans les Vosges.

Un joli vautrait de bâtards est celui de M. *Joseph de Beynac* au château de Beynac près Saint Sand. Deux fois la semaine il chasse le sanglier. Parfois il réunit ses chiens à ceux de M. *Lohier* mis dans la même voie. Ces deux intrépides veneurs font ensemble une guerre acharnée aux loups qui se montrent dans ces parages. Tout récemment ils ont réussi en quelques heures à forcer un grand loup que ses ravages avaient rendu légendaire dans le pays.

La *Double* est la partie du Périgord au sud de Ribérac : région émaillée de petits buissons où le

pin domine, d'étangs, de *nauves*, prairies bourbeuses où il est dangereux de s'aventurer.

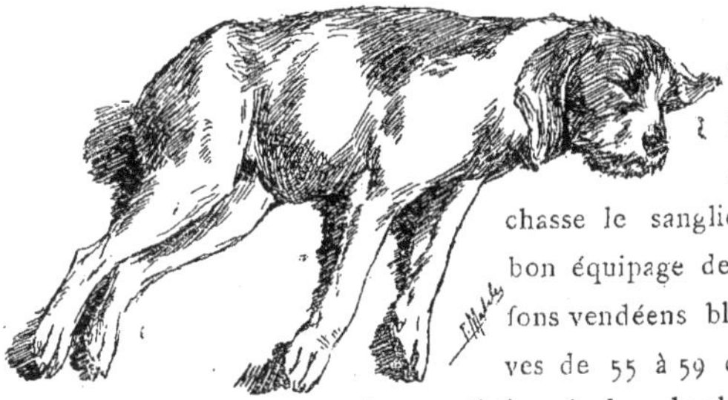

M. *Giet*, de Plaisance près Sainte-Aulaye, y chasse le sanglier avec un bon équipage de vingt griffons vendéens blancs et fauves de 55 à 59 centimètres. C'est un éleveur distingué, dans le chenil duquel on remarque d'excellents briquets de liévre, de dix-huit à vingt pouces, et des bassets blancs et noirs à jambes droites.

M. Giet, réunit souvent ses chiens à ceux de ses voisins MM. de Masgontier et Henri du Breuil, qui possèdent de petits équipages. Leurs chiens chassent avec beaucoup d'ensemble et manquent rarement de prendre, quoique la tâche soit très-dure au milieu des fourrés de la Double.

Près de Saint-Aulaye également, M. *Paul Rives* (du château Valet) rivalise avec les veneurs que nous venons de citer. Il a une meute de poitevins et vendéens de grande taille avec laquelle il chasse le lièvre et le chevreuil, rarement le sanglier. Récemment encore il se servait de bâtards anglais, assez près du sang ; mais comme la vitesse est loin d'être la qualité la plus nécessaire dans les conditions de terrain où il se trouvait, il a préféré revenir aux races françaises mieux appropriées à ce point de vue.

M. Paul Rives est un cavalier de premier ordre qui a fait ses preuves aux Concours hippiques, à Bordeaux et à Paris : il se signale surtout par sa hardiesse sur l'obstacle.

Son équipage va en déplacement dans le Bazadais, à Galas, chez M. de Soyres. Il y obtient autant de succès qu'en Périgord. Nombreuse assistance aux chasses : MM. de Mégret, de Belligny, marquis de Lalande, de Barry, Rozier, de Bartault, G. Delas,

M. *Villegente*, lieutenant de louveterie du canton de Montpont, MM. *Durand* et *Laborie* possèdent également des équipages qui, seuls ou réunis, viennent poursuivre loups, sangliers, chevreuils et renards, dans cette contrée giboyeuse et pittoresque.

Mentionnons enfin l'équipage de M. de *la Faye* à Saint-Privat, et celui de M. *Léonce Claverie*, lieutenant de louveterie à Saint-Nicaise, qui possède une jolie meute de chiens de Saint-Hubert, de race presque pure.

Virelade est un nom classique dans la vénerie. Il doit sa réputation à M. Joseph de Carayon Latour, ancien sénateur de la Gironde, mort en 1886, qui l'a attaché à une race de chiens universellement estimée. Nous ne pouvons mieux faire, pour expliquer son œuvre, que de recourir à une notice que lui même a écrite sur les chiens de Virelade.

« La race de Virelade provient du croisement des chiens de Saintonge et de Gascogne. Elle n'est pas une création, mais une amélioration, une reconstitution de ces deux espèces qui doivent leur origine à la même souche.

« Ces deux espèces étaient de même taille, variant entre vingt-trois et vingt-cinq pouces. Elles avaient les qualités qui, de tout temps, ont distingué les chiens français : une grande finesse de nez, une belle gorge, une menée noble et droite.

Les chiens de Saintonge, un peu délicats, difficiles à élever, manquaient d'activité et pêchaient surtout par le tempérament. Cette race cependant avait dans les grandes journées, malgré son manque d'énergie, une persistance très-remarquable à maintenir sa voie, ce qui dénotait chez elle un véritable amour de la chasse et certainement une illustre origine.

«Les chiens de Gascogne étaient d'une vigoureuse santé, intelligents ardents et actifs dans les défauts. Ils chassaient le loup d'amitié et le lièvre avec une rare perfection.

« Ces deux espèces provenaient sans doute du croisement des chiens blancs et des chiens noirs, dont parle le roi Charles IX dans son traité sur la Chasse ».

M. de Carayon Latour a créé son équipage en

1850 et pendant trente années, s'est efforcé d'améliorer sans cesse son élevage, maintenant la race française dans sa pureté absolue, refusant de la laisser altérer par la moindre infusion française. C'est ainsi qu'il a placé la race de Virelade absolument hors de prix. A sa mort, l'équipage est devenu la propriété du neveu du créateur, le baron de Carayon Latour (résident au château de Grenade) qui chasse le chevreuil dans les Landes, au S. E. de Bordeaux à huit lieues de cette ville : c'est un superbe terrain de chasse comprenant cinquante mille hectares, excellent pour les chevaux, presque entièrement couvert de plantations de pins.

L'effectif de l'équipage est de cinquante chiens. Les vingt-deux sujets qui le représentaient cette année à l'Exposition canine ont excité l'admiration de tous les veneurs : l'ensemble a obtenu le prix d'honneur, et les sujets isolés ont enlevé toutes les récompenses.

La tenue se compose : d'une cape en velours noir — d'une redingote à la française en drap vert, avec parements et col en velours rubis galonné or et argent — d'un gilet en velours rubis — d'une culotte blanche. Le bouton porte une tête de chevreuil entouré d'un ruban portant la devise de l'équipage : *Droit dans la voie.*

Assistent aux chasses avec l'uniforme de l'équipage : MM. le baron Gaston de Montesquieu, ami intime et compagnon assidu du fondateur, Henri de Montesquieu, Merman, marquis de Lur-Saluces, comte Charles de Lur-Saluces, Marcilhac, Lacoste comte de Canolle, marquis de Mauléon, de Trincant-Latour.

L'équipage possède plusieurs fanfares, publiées dans le recueil de Normand, professeur de trompe à Paris : la *Carayon Latour*, la *Lur-Saluces*, la *Grenade*, la *Virelade*.

A côté de l'équipage de Virelade, on pouvait citer la meute de *Mios*, vendue il y a quelques années, mais dont il est intéressant de rappeler le nom.

Son créateur, M. Labadie avait poursuivi le but de créer une variété nouvelle par le croisement de chiennes françaises (lices saintongeaises) avec des étalons ayant une fraction de sang anglais. Les produits ainsi obtenus ont acquis une grande renommée et ont été recherchés par nombre de maîtres d'équipages.

Dans l'équipage de *Beaucailloux* à M. Nathaniel Johnston, on retrouve la double influence du sang de Virelade et de Mios avec une large part à l'élément anglais. Sa meute a obtenu plusieurs récompenses à l'exposition canine de Paris, sans compter plusieurs prix aux sujets exposés seuls entr'autres un premier prix en 1888. Une partie en a été vendue à la suite: et quelques sujets ont atteint des enchères élevées (Cornemuse 620 francs, Forester 560 francs, etc.) : mais ce n'est pas une mise bas

M. Johnston a conservé des éléments assez nombreux pour continuer à courre le lièvre et le renard dans les sapinières du Médoc.

De la meute de Mios sortaient aussi l'équipage Solbert et celui de M. Larrieu, qui faisaient dans les mêmes parages de belles et brillantes chasses interrompues depuis quelques années.

Le Vicomte du *Hamel* possède également un des beaux équipages de la Gironde, avec lequel il chasse le lièvre et le chevreuil. Ce sont des chiens de pure race française de gascons avec un peu de sang saintongeais: *Allegro* et *Salomé*, nés en 1885 ont attiré l'attention des veneurs aux dernières expositions.

Il fait tous les ans des déplacements en Limousin et en Berry : il y a chassé le cerf en forêt de Saint-Maur (près Chateauroux) avec beaucoup de succès.

M. *Paul Clossmann* chasse le chevreuil autour de son château de Malleret (près Blanquefort).

Comme les autres veneurs de la Gironde, il fait usage de gascons-saintongeais très près du sang français. La meute de seize chiens qu'il a présentée cette année, à l'Exposition canine de Paris a été fort remarquée, malgré la présence de la meute de Virelade qui rendait impossible la concurrence pour les premiers prix.

En continuant vers la Gascogne nous trouvons, à Urt, le docteur *Moynac* qui trois fois la semaine chasse le lièvre avec ses vendéens bien gorgés que lui-même, dirige avec le secours d'un seul piqueur.

Auprès d'Arcachon, l'équipage de M. de Courcy, composé de *fox-hounds* a, pendant plusieurs saisons, chassé lièvre renard et même sanglier.

En Béarn la vénerie est représentée par les chasses au renard que la colonie anglaise y a introduites. On sait la place que tient ce sport dans l'existence des grands seigneurs et des simples *gentlemen-farmers*

d'Outre-Manche : ils l'apprécient surtout comme exercice de cheval ; ils veulent dévorer l'espace à la queue des chiens, franchir à toute allure les passages les plus difficiles, mettre à profit les rares qualités de fond et de cœur de leurs *hunters*.

Il y a bientot cinquante ans que quelques Anglais venus à Pau pour passer l'hiver, imaginèrent d'y chasser le renard :le terrain se prêtait trés bien à ce genre de plaisir, les animaux étaient abondants, de sorte l'institution nouvelle eut un plein succès. MM. Henry Oxenden, le colonel White, Cornewall, J. Stewart, H. Livingstone contribuèrent à en assurer l'avenir.

Malheureusement le nombre des renards ayant très-rapidement diminué, il fallut bientôt substituer aux chasses véritables de simples *drags*, où les animaux sauvages étaient remplacés par des sujets tenus en cage et apportés sur le terrain. Il est vrai que les habitudes de chasse des Anglais comportent volontiers cette substitution qui permettait même de réaliser des parcours plus intéressants au point de vue du sport. Tracer une piste de *drag* intéressante devient un art : le béarnais Perey s'acquitte fort habilement de cette mission qui lui est dévolue depuis longtemps ; il est fort curieux à voir traînant à travers champs la dépouille fraîche d'un renard ou le bouchon de paille arrosée d'essence d'anis, qui doit servir à mettre en éveil l'odorat des chiens.

Dès 1867, les amateurs de Pau s'étaient organisés en société par souscription avec un maître d'équipage élu. Après diverses transformations, la société actuelle, dite des *chasses de Pau* est établie dans les meilleures conditions. Elle est dirigée par le baronnet irlandais sir Victor Brooke que secondent MM. Thorn, l'excellent gentlemen-rider, et le colonel Talbot Crosbie. Trois fois par semaine, de novembre à mars, elle organise de charmantes réunions accompagnées de lunchs, de bals champêtres, etc. Ce sont en général des drags, cependant il y a dans le cours de la saison un certain nombre de vraies chasses dans les bois de Serre-Morlaas, d'Andoins et d'Ahère où il reste encore quelques animaux.

Biarritz possède aussi une Société de chasse au renard et au sanglier établie sur le même modèle. MM. Dubrocq et Pierre Lassale-Herron ont été successivement maîtres d'équipage. Ces chasses sont très suivies et fort intéressantes ; car le pays Basque où elles se déroulent est l'un des plus pittoresques et le nombre des animaux y reste assez considérable.

Mousse, qui a si brillamment piloté *Le Torpilleur* dans le grand Steeple international de 1889, et qui est le premier jockey français ayant gagné une semblable épreuve, avait fait ses débuts équestres comme piqueur dans l'équipage de renard de Biarritz.

M. Raoul *Aldebert*, à Millau (Aveyron), a formé un équipage de grands briquets de l'Ariège, excellents sur le lièvre. Ce sont des animaux remarquables, dont un lot a été exposé à Paris en 1888 et a obtenu le premier prix.

Le nom de briquets n'est pas absolument propre à leur nature. Car ils constituent une véritable race française, avec caractères bien définis. Ils sortent d'une lice de grande valeur, *Sapho*, de sang gascon-ariègeois très-pur, descendant elle même des anciens chiens du comte de Puységur (à Rabastens Tarn). Ces chiens de l'Ariège étaient blancs et noirs, très gorgés, légers de conformation, très propres à la chasse du lièvre en montagne, ayant beaucoup de vitesse et d'intelligence. *Sapho* fut saillie par un étalon de Virelade, *Tapageur*. C'est à ce croisement que sont dues les qualités des sujets de M. Aldebert : ils ont la robe d'un bleu toujours assez intense, indice du sang gascon ; grande taille, belle gorge, beaucoup d'élégance ; à toutes ces qualités ils joignent la rusticité, la vigueur et le train.

M. *Fernand Laval*, cousin de M. Aldebert s'est associé à son œuvre en lui fournissant des élèves. Habitant le château de Miraval, non loin de Castres, il se trouvait dans des conditions très-favobles à l'élevage des jeunes chiens: depuis longtemps, il s'y est adonné et a acquis, dans tout le Midi, une légitime réputation.

Il s'est particulièrement proposé d'obtenir des sujets de race gasconne très-pure. Suivant l'opinion de MM. Le Coulteux et de Chabot, deux maitres en vénerie, les chiens de Gascogne descendent de la variété noire des chiens de Saint-Hubert, dont Gaston Phœbus se servait au XIIe siècle et formulait ainsi le signalement: «Grand et gros corps porté sur des jambes grosses et droites, pas trop hauts et, sous poil noir, *quatrœillés* » — ce terme expressif caractérise bien la tache de feu ronde, au dessus de chaque œil, qui distinguait la race.

M. le baron de Ruble avait, vers 1860 formé une meute de gascons pur-sang puis au moyen de croisements avec les saintongeais du comte de Saint-Légier et les chiens de Virelade, il avait amélioré le type, et obtenu des sujets mieux proportionnés, à l'œil vif et clair, de très-haut nez et aimant la chasse. Il avait soin, d'ailleurs, de ne conserver dans chaque portée, que les chiens bleus; de sorte qu'il avait ainsi constitué une variété bien définie de la race gasconne, qui s'est longtemps conservée au chenil du Bruka (près Gimont, Gers).

M. Fernand Laval, avec une méthode un peu différente, a obtenu des résultats analogues. Dans une remarquable étude sur les *Chiens Courants Français*, il fait ressortir les avantages et les dangers de la consanguinité et formule les recommandations suivantes : «Il faut recourir de temps à autre à un nouveau sang..... choisir un étalon de la même espèce, ou se rapprochant de la même espèce.....; ce croisement vivifie le sang et améliore la race..... » Grâce à ces efforts, à ces soins intelligent. M. Laval a réussi à créer une meute de premier ordre : le point de vue de l'élevage l'occupe presque exclusivement ; il est pourtant bon veneur et quand il découple ses quinze ou vingt gascons contre le lièvre, c'est toujours avec beaucoup de succès.

Nous pouvons encore citer dans le département du Tarn :

M. *Fernand Lourde* (pres Mazamet) propriétaire d'un équipage de bâtards, dont plusieurs proviennent du Parc Soubise ; et M. *de Laprade* (à Arfous) qui chasse le chevreuil en forêt *de Ramondens*, près de Dourgne.

Le bassin du Rhône est certainement l'une des régions les moins favorisées pour la chasse à courre. Le principal équipage est celui de M. *de Ravin de Lafarge* qui chasse le lièvre en Vivarais et aux environs d'Aiguebelle. (Drôme). Sa meute de *beagles-harriers* a obtenu une médaille d'or grand modèle (Prix d'Honneur) à l'Exposition de Marseille, en 1888. Malgré les difficultés du terrain, côteaux secs et rocailleux, boqueteaux fourrés et épineux, il force l'animal en peu de temps, avec une grande régularité.

Mentionnons également M. *Lapra*, un veneur émérite de Lyon ; M. *Paul de Forcrand* qui chasse le lièvre aux environs de Feyzin dans l'Isère ; enfin M. *Calvet-Rogniat* (au château de Chamagnieu près La Tour-du-Pin) qui a récemment inauguré, avec quelques amis, un équipage de lièvre.

La colonie anglaise de Cannes et de Nice avait essayé, à l'exemple de celle de Pau, d'organiser des chasses dans l'Esterel, ces pittoresques montagnes que les promeneurs de la Croisette aperçoivent se profilant par delà le golfe de Napoule. Mais, après quelques prises de renards et même de sangliers, on a dû renoncer à poursuivre ces chasses en raison de la difficulté du parcours et de la rareté du gibier.

LES

ÉQUIPAGES DU CENTRE

Pittoresque, mais rude pays, le Limousin avec ses montagnes verdoyantes, ses vallées profondes présente, en note plus sauvage, un aspect analogue à celui du Haut Poitou et du Périgord auxquels il confine. La chasse n'y est pas un plaisir doux et facile, comme nous le trouvons dans les forêts ouvertes de l'Ile de France ; c'est un sport qui demande de vrais efforts et la mise en jeu d'une incessante activité. Quand, en fin de compte, on touche au succès, on peut se dire que la récompense a été bien gagnée.

Toutes les qualités indispensables pour réussir malgré ces difficultés sont réunies dans l'équipage de loup et de sanglier du *vicomte Gaston de l'Her-*

mite. C'est un cavalier d'une intrépidité rare, et un veneur consommé. Parmi ses exploits cynégétiques, nous citerons la prise d'un grand loup, après un débuché de 40 kilomètres : l'animal traversa deux fois la Vienne où eut lieu l'hallali; le vicomte de l'Hermite dut se jeter à l'eau pour servir le fauve qui pesait 84 livres.

Quant aux chiens, ils forment aujourd'hui une variété parfaitement fixée, dite de *Beaune* (château du vicomte de l'Hermite), et fort appréciée des amateurs. Voici près de cinquante ans que cette meute a été formée par le croisement de lices gascon-saintongeaises avec des étalons de Persac. Elle comprend aujourd'hui des sujets bien établis, tricolores, à large poitrine, de taille moyenne, ayant assez de fond pour affronter les passages les plus difficiles, assez de vitesse pour prendre de vieux ragots en moins de deux heures.

Le vicomte de l'Hermite chasse dans les environs d'Eymoutiers, en forêts de Châteauneuf, de Châteauvert, et de la Feuillade, etc.

Le loup a ses préférences, mais il s'attaque assez souvent, avec un égal succès, au sanglier et au chevreuil.

Dans ces mêmes parages, le *comte de Neuville* et M. de la *Bastide* (au château de la Villedieu) ont des équipages, le premier d'anglo-saintongeais avec du sang poitevin, le second de griffons et de bassets qui se réunissent souvent et font merveille sur le sanglier et le lièvre. Le comte de Neuville est un veneur très intrépide ; il fait un déplacement annuel dans la Corrèze, en forêt de Masseret et y prend force sangliers.

M. *Raoul d'Abadie* au château de Chercorat, près Magnac-Laval, possède une meute de bâtards du Haut Poitou, ayant du sang de Persac, tricolores de 22 à 23 pouces. Il se réunit souvent pour chasser en forêt de Ruffec, à MM. Elie Vaillant et A. Dorveau dont nous avons parlé dans notre galerie des veneurs poitevins ; tous trois découplent 50 bâtards et font une guerre acharnée aux loups des arrondissements de Montmorillon et du Blanc.

A la limite du Berry, du Limousin et du Poitou est l'équipage du *comte Enguerrand de Pully* qui chasse loup, cerf, sanglier et chevreuil dans ces trois provinces. Il cueille tour à tour ses trophées dans les forêts de Moreuil, de la Guerche, de Lancosme, dans les tailles de Belabre et les bois du Paillet (chez le marquis de Belabre).

Toute cette région est couverte de bois, peu étendus mais multipliés, et d'étangs qui atteignent quelquefois de grandes dimensions.

Le marquis de Pully, père du maître d'équipage, suit les chasses avec une rare intrépidité et laisse derrière lui bien des cavaliers plus jeunes. Avec lui, nous voyons le vicomte Marc de Pully, le gentlemen-rider bien connu, qui, privé d'un bras à la suite d'un accident de course, a continué à affronter, avec succès, les hippodromes de La Marche, MM. de Puynode, de Galwey, le marquis d'Haramburé.

L'équipage comprend 50 bâtards du Haut Poitou et Saintongeais, installés ordinairement au chenil du château de Puygirault.

Tenue verte à parements amaranthe.

Nous mentionnerons, à proximité, l'équipage du *comte R. des Monstiers-Mérinville*. De formation toute récente, il chasse le chevreuil en forêt de Brigueil, avec un succès qui s'affirme de jour en jour.

Le vicomte de *Lestrange*, chasse le cerf et le chevreuil aux environs de son château de Lancosme près Vendeuvre (Indre). Cette belle résidence est précisément située entre les bois de Lancosme et la Forêt Thibaut, très giboyeux et favorables à la chasse. L'équipage comprend trente-cinq bâtards du Haut-Poitou ; il est servi par deux piqueurs à cheval et trois hommes à pied.

Le vicomte de Lestrange effectue des déplacements dans la forêt de Verneuil-sur-Inde, au baron Hainguerlot. Il compte une quarantaine de prises par an.

Le bouton porte un cerf franchissant une banderolle sur laquelle on lit : *Forêt de Lancosme.*

Sa tenue est verte avec parements jaunes.

Non loin de Châteauroux, voici l'équipage de *Valençay*. Les souvenirs historiques de ce domaine princier sont trop connus pour être rappelés. Il appartient aujourd'hui au duc de Talleyrand-Sagan qui y réside seulement deux ou trois mois par an et passe le reste de l'année dans ses immenses terres de Silésie. Pendant son séjour Valençay devient le centre de fêtes très brillantes.

La meute compte 70 bâtards du Haut Poitou, très bien mis dans la voie du cerf, comme on peut en juger à la moyenne des prises qui dépasse trente-cinq par an.

Le duc chasse en général dans la forêt de Valençay (ou des Gâtines) et fait ensuite un déplacement en Sologne, dans la forêt de Bruadan, à M. Antonin Bérard.

Après son départ, l'équipage continue à chasser pendant un mois au château de Chaillou, chez M. de Lacotardière qui est, avec le baron Finot et M. de Chaudeney, un des plus fidèles de l'équipage.

Tenue : habit rouge avec col, revers et parements de velours bleu et galons de vénerie or et argent ; sur le bouton l'initiale V. Fanfare : la *Valençay*.

M. *Dubray fils* (à Saint-Gauthier, Indre) chasse le lièvre avec des briquets ariégeois, de 50 à 52 centimètres, très vites et vigoureux. Il a aussi des bâtards poitevins qu'il découple parfois sur le chevreuil.

L'équipage de *La Croix Maupioux* appartient à la fois au Berry et au Bourbonnais. C'est un magnifique vautrait, formé depuis une dizaine d'années et dont les maîtres sont MM. le comte Henri de la Roche, Eugène Aladane de Paraize,

Charles Duchier, Henri Loüan de Coursays. Il chasse dans les belles forêts de *Meillant* et de *Tronçais*.

Meillant, à quelques kilomètres au Nord de Saint Amand, forme un vaste massif, composé de plusieurs forêts alternant avec des terres cultivées ; au centre est la petite ville de ce nom ; les vastes marais de Contres au Nord, le canal du Berry, à l'Est et au Sud limitent ce magnifique terrain de chasse, qui est la propriété des Mortemart. C'est là qu'est le rendez-vous de la Croix-Maupioux qui a donné son nom à l'équipage.

Tronçais, près de Cery, dans l'arrondissement de Montluçon, est une belle forêt domaniale un peu moins vaste, mais comptant cependant plus de 10,000 hectares. Elle présente des chênes et des hêtres de toute beauté et est percée de neuf grandes lignes de 12 mètres de largeur rayonnant autour du Rond Gardien. Elle était, voilà un demi-siècle, le théâtre des chasses du marquis de Beaucaire, célèbre veneur de la région; elle a vu ensuite le *Rallye-Bourbonnais*, association à laquelle étaient affiliés quatre-vingts maîtres d'équipages de l'Allier ou des départements voisins, et qui découplait aussi dans la belle forêt de Grosbois.

L'équipage de la Croix Maupioux compte quatre-vingts chiens bâtards et pur-sang. Ses prises atteignent par an le chiffre de 40.

Tenue: verte avec parements amaranthe, culotte marron. Sur le bouton, une tête de sanglier entourée d'une jarretière avec la devise: « *Au bois comme à table* ».

Le Bourbonnais présente encore l'équipage de cerf et de chevreuil de M. *Adrien Beauchamp* au château de Daumas près Dompierre.

L se compose de 30 bâtards vendéens tricolores, de grande taille et bien ensemble de couleur, d'une remarquable légéreté d'encolure, quoique doués d'une force musculaire considérable. Formé depuis plusieurs années et dirigé d'une manière fort habile, il atteint une moyenne de vingt-cinq à trente prises par saison. Tenue verte avec gilet, col et parements rouges.

Nous mentionnerons dans les mêmes parages: l'équipage de chevreuil de MM. de la *Boutresse* et de *Chavanne* qui chassent aux environs de la Palisse et sur les confins du département de la Loire ;

Celui de *Contenson*, au baron de Rochetaillée vendu après la mort tragique de son propriétaire, victime d'un accident de course, l'an dernier. Il se composait de trente chiens dans la voie du sanglier et de vingt dans celle du lièvre et chassait dans les pittoresques montagnes du Forez et de la Margeride ;

L'équipage de chevreuil de M. de *Lagardette*, en forêts d'Espinasse et de Briquelaudière.

Revenons maintenant sur nos pas et pénétrons en Touraine, l'une de nos plus belles contrées de chasse, que nous aurions pu, à bien des égards, réunir à l'Anjou et au Poitou, si par d'autres

caractères elle ne nous avait paru mieux à sa place entre le Berry et la Sologne.

Saluons-y le doyen des équipages français, celui du *baron de Champchevrier*, dont la création remonte à deux cents ans, et qui n'a jamais cessé de courre le cerf depuis cette époque. Le baron de Champchevrier habite, tout à la limite du Maine et de l'Anjou, le château de Marcilly près Château-la-Vallière et chasse dans toutes les forêts au nord-ouest de Tours.

Très remarquable également l'équipage de cerf et de chevreuil de *MM. de Puységur*. Formé en 1845, par le comte Jacques de Puységur, il se compose de bâtards anglo-poitevins, vites, d'une grande finesse de nez, intrépides à l'ajonc qui pullule dans les taillis de la contrée. Ce hardi veneur avait été longtemps le compagnon de chasse de M. Raguin en forêt de Chinon. Depuis sa mort l'équipage est possédé par ses trois fils : le marquis de Puységur, les comtes Armand et Léopold.

Ce dernier est celui qui chasse avec le plus d'assiduité, secondé par son neveu, M. Bernard de Puységur et le comte Martial de la Villarmoie.

L'équipage est installé au château de Beugny (près Chinon), aux alentours duquel il opère. Il se déplace en Sologne, en forêt de Boulogne et à Chambord. Il est fort bien dirigé par le premier piqueur Michel.

L'habit est gris ventre de biche avec parements et poches de velours amaranthe ; le gilet et la culotte sont également en velours amaranthe.

Nous citerons encore les équipages de MM :

Les comtes *G. et Karl de Beaumot* qui chassent le chevreuil aux environs de Châteaurenault et dans la forêt de Beaumont-la-Ronce.

Le marquis *de Castellane*, associé à M. *Hardouin*, pour courre le cerf autour de son château de Rochecotte près Saint-Patrice.

L'an dernier, la vénerie tourangelle a fait une perte cruelle dans la personne du *baron Hainguerlot*, dont le bel équipage de cerf opérait à

Amboise, dans la magnifique forêt longtemps affectionnée par les princes de la maison de Valois.

M. de *Lauvergeat*, au château du Coteau près Azay-sur-Cher chasse aussi dans cette forêt

A la limite de la Sologne, nous trouvons le bel équipage de *Montpoupon* dont le chef est M. Emile de la Motte, et dont font partie MM. William Johnston, Fernand Raoul-Duval, Jahan de Lestang, Nathie Johnston.

Formé en 1873, il a chassé exclusivement le chevreuil jusqu'en 1885. Depuis cette époque, il chasse alternativement cerfs et chevreuils et prend en moyenne 28 à 30 animaux, quoique, en raison du genre de la culture du pays, il ne puisse commencer à sortir avant la fin d'octobre pour terminer fin mars.

Les chiens sont des bâtards tricolores poitevin

vendéens, de grande taille, avec l'encolure longue, beaucoup de hauteur de poitrine, des membres forts, requérants, créancés, remarquables par leur fond, leur vitesse, leur finesse de nez.

L'équipage est installé au château de Montpoupon par Céré (Indre-et-Loire) et chasse en forêts de *Loches*, *Brouard*, *Montrichard*, *Aiguevives*, *Montpoupon*, *Marolles*, *Chanceaux*, *Verneuil*.

Ces réunions attirent une assistance très nombreuse et aristocratique : MM. de la Verteville, Emile d'Espaigne, René et Maurice Raoul-Duval, le vicomte Jacques de Lignac, qui ont le bouton; MM. le vicomte de Marsay, le marquis de Bridieu, Paul Schneider, Smith d'Ergny, le vicomte C. de Montlivault, C. Breton. H. Morillon, le vicomte E. de Lignac, le comte E. d'Espinay Saint Luc, le vicomte G. Costa de Beauregard, le baron de Cassin, le baron Victor Reille.

Tenue : habit rouge avec parements en velours grenat; gilet en velours grenat; culotte noisette; cravate longue blanche; botte Chantilly. Le bouton porte une jarretière avec un M au centre.

Un autre excellent équipage de cerf et chevreuil est celui de *Sudais* à MM. le baron F. de Quatrebarbes et le vicomte Pierre de Rodays. Il a été formé seulement en 1886. A cette époque le vicomte de Rodays joignit ses chiens à l'équipage de lièvre du baron de Quatrebarbes qui, à ce moment, chassait surtout dans le département de la Mayenne.

Maintenant la meute est presque exclusivement composée de bâtards vendéens et saintongeais. Cette dernière race est celle à laquelle les maîtres d'équipage donnent la préférence, le change étant le gros écueil en raison de l'extrême richesse en animaux des forêts de chasse; ils ont trouvé que le sang saintongeais leur donnait les sujets les mieux créancés et il figure seul dans le dernier élevage.

L'équipage chasse le cerf et le chevreuil dans la forêt de *Sudais* et dans tous les environs. L'un de ses rendez-vous habituels est la cabane de Chaumont, au milieu de la terre princière de ce nom, où le prince Amédée de Broglie a gracieusement donné tout droit de suite à MM. de Quatrebarbes et de Rodays.

Il chasse encore le cerf dans les bois de *Condé* (au marquis de Beaucorps et à M. des Chesnes) et le chevreuil à *Savonnières* chez le marquis de Perrigny et dans les bois de *Saint-Laumer*, à la famille du baron de Quatrebarbes. Il couple quelquefois avec l'équipage du marquis de Vibraye, en Sologne.

Beaucoup de veneurs suivent ces laisser-courre : MM. Roger et Raymond de Fougères, Ludovic des Chesnes, le marquis de Perrigny, qui ont le bouton ; MM. Raoul Denizane, Louis de Bodard, le comte de la Ville-Beaugé, R. Adeline, etc.

L'habit est vert avec parements, col et revers amaranthe; bouton d'or avec un pied de cerf et la devise : *Sudais*.

Pénétrons maintenant dans la Sologne, proprement dite : ce merveilleux pays de chasse, au sol sablonneux, aux bois parsemés de clairières et d'un parcours facile, avec de nombreux étangs et d'interminables patureaux où chiens et chevaux peuvent galoper à leur aise. L'hiver 1879-1880, qui a détruit la plupart des sapinières a amené une grande diminution dans le sanglier ; le lièvre est également devenu plus rare ; mais le chevreuil s'est extraordinairement multiplié et le cerf est assez abondant.

Voici d'abord les deux équipages du *baron Roger*, au château du Duet près de Vierzon. Il possède un vautrait de *Stag-hounds* et, pour courre le cerf, une meute de bâtards poitevins sortis du chenil du comte de Chabot. Une partie de ceux-ci sont également mis dans la voie du sanglier. L'ensemble représente un total de plus de cent chiens.

Le baron Roger chasse en forêt de *Vouzeron* avec une intrépidité surprenante ; quoique sourd et muet il réussit à ne jamais perdre les chiens, grâce à sa longue pratique des bois et à son habileté en vénerie. Les chasses de ces brillants équipages réunissent un très grand nombre d'amateurs ; les propriétaires berrichons les manufacturiers de Vierzon, les officiers des garnisons voisines s'y donnent rendez-vous.

Citons également entre Vierzon et Romorantin l'équipage de chevreuil de M. *Hache*.

L'un des meilleurs équipages de chevreuil non seulement de la Sologne mais de toute la France est celui du *vicomte de Montsaulnin*, au château de la Grande Garenne.

Il a été formé en 1859. La plupart des étalons et lices primitifs provenaient du chenil de Persac, au vicomte de la Besge. M. de Montsaulnin a ensuite acheté successivement les équipages de M. Henri de Prin, de M. de Prin, neveu du précédent, du comte de Lastic tous trois composés exclusivement de poitevins, et renfermant quelques sujets de haute valeur.

Plus tard, en 1874, il fit l'acquisition de la célèbre meute du comte de Danne, dont le chenil a occupé une si grande place dans l'histoire de la vénerie française.

Actuellement, M. de Montsaulnin possède constamment une cinquantaine de chiennes, ce qui lui permet d'obtenir plus de cent élèves par an.

En dehors du chenil de la Grande- Garenne, il a deux chenils d'élevage à vingt et quelques lieues l'un de l'autre. Il y trouve l'avantage, en produisant ainsi dans des climats différents, de pouvoir faire de temps à autre des croisements en dedans de façon à fixer soit les qualités, soit les formes qu'il veut donner à ses chiens. Il obtient ainsi des sujets de grande taille, bien gorgés et très-près du sang français

Les chasses ont habituellement lieu dans la forêt d'*Allogny* en Sologne. Comme les débuchés en rase campagne sont très fréquents et que les blés noirs, culture très répandue du pays, sont enlevés assez tardivement, la saison commence par quelques laisser-courre dans la forêt de la *Guerche*, sur les confins de la Nièvre et du Cher. Dans ces divers endroits, la moyenne des prises est de quarante animaux.

Les chasses de la Grande Garenne attirent toujours une assistance brillante et nombreuse ; elles ont été souvent honorées par la présence d'hôtes princiers.

En janvier 1885, le vautrait de Mgr le Prince de Joinville a fait à la Grande Garennne, un assez long déplacement au cours duquel les autres veneurs de la région, le baron Roger, le marquis du Bourg ont organisé une série de belles réunions de chasse en l'honneur des membres de la famille royale : le Prince et la Princesse de Joinville, le duc et la duchesse de Chartres les ont suivies très assidûmment.

Tenue verte avec parements blancs, bordés degalons de vénerie, gilet vert et culotte blanche.

MM : les comtes de *Béthune-Sully* et de *Chabrillan* possèdent également un bel équipage de chevreuil. M. de Béthune habite le beau château historique de Sully-sur-Loire, propriété de sa famille depuis le grand ministre de Henri IV ; c'est aux alentours qu'ont lieu les laisser courre. Quant au comte de Chabrillan il réside à la limite de Saône-et-Loire au château de Digoine, vieux manoir féodal, jadis la première baronnie du Charollais, qui appartenait à la grande maison Digoine du Palais.

Mentionnons les équipages de lièvre et de chevreuil de :

M. *de la Chapelle*, dont les chiens de sang français sont fort prisés des connaisseurs ;

M. le baron *d'Ailly*, qui fait de son chateau d'Alosse le centre de réunions nombreuses ; ses couleurs sont gris et bleu clair ;

Enfin l'équipage de M. *Léon Jacquemet*, au château de l'Oizenotte ; ses anglo-poitevins font merveille dans les sapinières de Sologne.

Au nord de la Loire, la *forêt d'Orléans* forme le massif le plus étendu de France : 43,500 hectares. Malheureusement il ne renferme guère que des taillis d'aspect monotone ; et le sol glaiseux, défoncé après les pluies, très dur au bout de quelques jours de sécheresse, rend la chasse assez difficile.

Cependant M. *Merle* a entrepris depuis deux

ans d'y courre le cerf avec beaucoup de succès.

Il possédait antérieurement un vautrait de *fox-hounds*, *Rallye Guilbaudon* (du nom de son habitation située à l'entrée du département de l'Yonne) avec lequel il avait énergiquement traqué les ragots de la contrée.

En 1886, il l'a vendu pour chasser le cerf et le chevreuil en forêt d'Orléans. Son nouvel équipage a eu pour premier noyau des chiens cédés par le prince de Montholon ; il a acheté aussi un lot important à la vente de l'excellente meute de *Marcheprime*, (à M. Larrieu), composé de bâtards saintongeais (race de Mios) ; il a enfin acquis plusieurs couples de l'équipage de Chantilly.

Aujourd'hui l'équipage de M. Merle est constitué dans les meilleures conditions ; il prend une vingtaine d'animaux par an, et ses chasses sont très-suivies par les sportmen et les officiers d'Orléans. Citons : Mmes la Princesse de Polignac, la comtesse de Vendeuvre ; MM. de Beaumont, le comte de Dampierre, le vicomte de Montarin, le prince de Polignac, Darblay, de Parseval, le capitaine de la Rochebrochart, le vicomte de Follin, le baron d'Autroche, Bruère, Gentien, de Gabriac, etc.

Le *Marquis du Bourg* appartient à la fois à la Sologne et au Nivernais. Il chasse le lièvre, dans la première de ces provinces, aux alentours de son château de Saint-Hubert, près de Neuvy. En Nivernais il possède une belle résidence, le château de Prye, au milieu de la vallée des Aucognes, Il y chasse le sanglier.

Son équipage, qui date de 1874, se composait d'abord de cinquante *fox-hounds*. Maintenant il a donné la préférence aux bâtards du Haut Poitou, se rapprochant de la race de Saintonge. Ce sont des chiens de belles formes, d'un excellent nez, pleins d'ardeur, puissamment gorgés. Toutes ces qualités sont nécessaires dans les conditions difficiles où ils opèrent : les bois de la contrée, (bois d'Azy, etc.) sont pour ainsi dire émaillés de trous d'où l'on extrait le minerai de

fer, les accidents de terrain sont importants et multipliés ; il faut, pour réussir, des chiens ayant un grand amour de la chasse et un fond à toute épreuve.

Le marquis du Bourg ne s'occupe pas seulement de chasse à courre : il a obtenu aux Expositions canines de Paris plusieurs récompenses pour ses chiens d'arrêt; aux premiers Field-Trials, inaugurés l'an dernier à Esclimont, le deuxième prix est échu à un setter anglais, *Sam*, que lui même a présenté et dont le dressage était merveilleux.

Il est aussi un fin connaisseur en chevaux, un excellent cavalier et les amateurs d'équipages ont remarqué aux courses et au Concours Hippique la tenue brillante de son *mail-coach*.

Il a plusieurs fois pris part, avec succès, aux courses d'obstacles du Palais de l'Industrie. Cette année même, où son fils, le jeune comte du Bourg, abordait pour la première fois ce rude parcours, et y cueillait de nombreuses récompenses, il a voulu lui servir de compagnon pour la course des Prix Couplés et l'on a vu ainsi

le père et le fils franchir côte à côte tous les obstacles.

Terminons cette revue des équipages du Centre en mentionnant l'équipage de chevreuil de M. de *Fontenay*, près de Nevers ; il fait un déplacement annuel en Bourbonnais dans la jolie forêt de *Bagnolet*.

LES EQUIPAGES DE L'EST

Le Reveil de Lorraine
Fin
Lent
D.C.
P.M.

Nous avons dit combien la Bourgogne était riche en forêts giboyeuses, mais en raison de la nature des lieux et de la répartition de la propriété, la chasse à tir a pris beaucoup plus de développement que celle à courrre. Les fameuses prouesses de *Rallye-Bourgogne*, dignes de l'époque des preux, sont passées à l'état de souvenirs, presque de légende quoiqu'elles aient été vues par la génération qui nous précède Aujourd'hui c'est à la carabine que les veneurs bourguignons préfèrent détruire la bête noire et les équipages à mentionner sont en petit nombre.

Un des meilleurs est celui de *M. Etienne Coste*, au château de la Canche, près Arnay-le-Duc. Formé en 1877, il se compose de quarante griffons vendéens de grande taille, tricolores. Leur race existait déjà auparavant au chenil de M. Coste qui s'est efforcé de l'améliorer constamment. Il a été récompensé de ses efforts par de nombreux succès aux expositions canines, et surtout à celle de Paris en 1888 : il y a obtenu un premier prix pour un lot de huit griffons âgés de 4 ans au plus et, pour sa meute entière, le Prix d'honneur et la Coupe de Sèvres offerte par le Président de la République.

Les chasses ont lieu, autour du château de la Canche, régulièrement deux fois par semaine. Au début, l'équipage ne s'attaquait qu'au sanglier ; en raison de la rareté des animaux, les chiens ont été mis également dans la voie du chevreuil. Deux piqueurs à cheval et deux hommes à pied font le service.

La tenue des hommes de l'équipage est : habit de drap gris bleu, teinte de la capote de troupe, avec col et parements de manches en drap rouge, su lequel est fixé un tout petit galon de vénerie, gilet rouge, culotte bleue. La tenue des maîtres est semblable mais les revers du col et des manches et le gilet sont en velours grenat; elle ne comporte point de galon de vénerie.

Rallye-Montbard, à M. Benoit Champy, était également un excellent équipage de chevreuil.

Son théâtre d'action était voisin de celui du précédent : terrain accidenté, sec, rocailleux, très coupé, exigeant des chiens beaucoup de fond d'amour, de la chasse.

Il se composait de bâtards poitevins-saintongeais tricolores, hauts, bien charpentés, souvent primés, (ils ont obtenu 23 prix en trois ans).

M. Benoit-Champy est connu pour sa haute compétence dans les questions sportives. Il est l'un des fondateurs de la Société Centrale pour l'amélioration des races de chiens et a pris une part active à l'organisation de ses expositions. Son chenil renferme de beaux chiens d'arrêt et le livre des

origines, tenu avec un soin particulier, est fort intéressant à consulter. Il s'est aussi occupé, avec succès, de l'élevage des chevaux.

Malheureusement des raisons de santé ont forcé M. Benoit-Champy à interrompre ses chasses à la fin de la saison 1885-1886. Sa meute qui comprenait soixante chiens, a été vendue, presque entière, au Tattersall.

Tenue de l'équipage: bleue avec col et parements rouges — sur le bouton, un chevreuil bondissant et la devise : *Rallye-Montbard.*

Le professeur de trompe Normand, avait composé la fanfare, *Le Fête.*

M. Bredin, auquel s'était associé M. Benoit-Champy, avait inauguré, entre Montbars et Saint-Seine, d'intéressantes chasses au cerf. Elles durent être bientôt interrompues en plein succès, à la suite d'un arrêté du Préfet de la Côte-d'Or autorisant la destruction des biches dans des conditions qui rendaient toute vénerie impossible...

Cet homme assurément n'aime pas la musique...

... du cor au fond des bois.

Le vautrait de *M. Eugène Gibez* chasse dans l'Yonne en forêts de *Vauluisant* et de *Lancy*, et dans l'Aube en forêt d'*Othe*.

Il se compose de cinquante bâtards saintongeais-vendéens, fort bien créancés, puissamment gorgés et d'un fond à toute épreuve. Le personnel comporte deux piqueurs et deux valets de chiens.

M. Gibez dirige lui-même son équipage avec autant de compétence que d'activité. Il a servi pendant la campagne de 1870, en qualité de lieutenant de mobiles : attaché comme officier d'ordonnance au général Dumoulin, il s'est particulièrement distingué aux combats de Châtillon et de Bagneux.

Pendant plusieurs années, il a rempli les fonctions de lieutenant de louveterie ; frappé ensuite par la politique, il n'a pas cessé de faire une guerre acharnée à tous les fauves de l'arrondissement de Sens : en fin de saison, ses prises atteignent en moyenne, trente à trente-cinq sangliers et une demi-douzaine de loups.

Le marquis de Lestrade chasse le cerf et le

sanglier dans la forêt de *Saint-Fargeau*. Propriétaire du château de la Grange-Arthuis (Yonne), presque à la limite du Loiret et de la Nièvre, il étend le rayon de ses chasses dans ces deux départements et fait presque tous les ans, des déplacements en forêt d'Orléans. La passion pour la vénerie est pour ainsi dire héréditaire dans sa famille, l'une des plus anciennes de Bourgogne. Il a épousé Mlle Laurent qui partage au plus haut degré ses goûts cynégétiques et que l'on voit toujours galoper derrière les chiens, en dépit des frimas et à travers les passages les plus durs.

L'équipage se compose de soixante saintongeais de bonne origine, très fins de nez et ayant des gorges superbes : ils chassent avec beaucoup d'ardeur et de succès, malgré les difficultés offertes par le pays fort accidenté et la forêt de Saint-Fargeau avec ses fourrés impénétrables. Le personnel tenu avec une correction remarquable comprend un piqueur et un valet de chiens à cheval et deux valets de chiens à pied. La tenue est bleue avec parements gris, galons de vénerie pour les hommes.

Aux chasses, on voit assidûment le marquis de Boisgelin, propriétaire de la forêt de Saint-Fargeau — où nous avons dit que naguère opérait Rallye-Puisaye — le marquis et la marquise d'Harcourt, le comte et la comtesse Louis d'Harcourt, le comte et la comtesse de Vergennes, etc.

Citons encore les équipages de :

M. *Moreau-Dufourneau*, à Saint-Florentin (Yonne), qui chasse le sanglier avec des artésiens normands de bonne origine et possède également, pour courre le lièvre et le renard, des bassets griffons de Vendée, de 35 à 40 centimètres, intrépides et bien gorgés;

M. *le marquis de Perthuis*, dont le vautrait, déjà ancien, est quelquefois découplé sur le cerf. Son théâtre d'action chevauche sur les départements de l'Aube et de l'Yonne; souvent il réunit son équipage à celui du *comte de Musy*, qui habite à la limite de Saône-et-Loire, et y chasse le sanglier.

Le baron *Saladin*, propriétaire du château de Bossancourt (Aube), possède une belle meute de chiens français qui a fait l'admiration des connaisseurs à l'Exposition canine. Elle appartient à l'une de nos races indigènes les plus anciennes, entretenue à force de frais et de soins au chenil de Bossancourt, dans une grande pureté. Ce sont de beaux chiens, bien charpentés, puissamment gorgés.

Il a longtemps chassé, avec un égal succès, le cerf et le sanglier; mais depuis quelques années, il a presque entièrement interrompu ses laisser-courre. En revanche il continue à traquer les bêtes noires des forêts de *Brienne*, et du *Grand Orient*: il n'est pas rare d'en voir plus d'une demi-douzaine tomber sous les balles des chasseurs. Le baron Saladin est associé pour ces chasses à M. André.

Le comte Frédéric *Chandon de Briaille* chasse le sanglier dans les forêts d'*Haumont*, *Chaource*;

et *Remilly* qui, se tenant sans interruption, forment un ensemble très giboyeux et très vaste à deux lieues au sud de Troyes. Il fait d'assez nombreux déplacements dans diverses forêts de la Champagne, entr'autres celles de la *Traconne.*

Sa meute compte une quarantaine de chiens très près du sang.

Fort suivies et des plus élégantes, les réunions de l'équipage, où la comtesse Chandon de Briaille donne l'exemple de l'intrépidité. On sait avec quelle ardeur elle pratique tous les sports ; l'été dernier, quittant Paris, pour aller dans ses terres de Champagne, elle a effectué ce trajet en ballon, avec une hardiesse digne d'un aéronaute de profession.

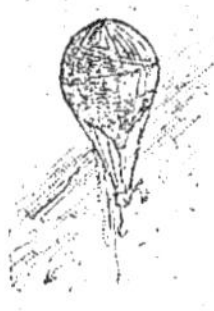

Rallye-Vertus, a *M. Henri Desbordes* est un vautrait de premier ordre. Il a pour domaine ce beau massif boisé et accidenté qui s'étend au sud d'Epernay : forêt de la *Charmoye*, bois de *Vertus*, d'*Argensolle*, de *Montmort*, *Bompart*. Chaltrait, au centre de cette région est la résidence habituelle de l'équipage. La meute compte quarante bâtards, dont la race est le résultat de croisements judicieux, déjà anciens. M. Desbordes a reconnu les grands avantages du sang français, surtout dans les conditions de terrain où il se trouvait. Il a donc uni *Figaro*, étalon artésien-normand descendant des chiens du comte de Futelin, et *Ravissante* qui représentait la race normande presque pure. Tous deux étaient remarquablement conformés et excellents en chasse. Ils donnèrent des produits solidement musclés, bien coiffés, doués de beaucoup de flair et de fond, auxquels on pouvait seulement reprocher une certaine lenteur. M. Desbordes corrigea ce défaut en donnant à ses étalons une lice anglaise de premier choix, sortie du chenil de la Reine. Plus tard il introduisit un peu de sang poitevin grâce à *Mylord* sujet de race presque pure, prove-

nant de l'ancien équipage de M. de Felcourt : croisement qui imprima un caractère marqué d'élégance et de légèreté d'encolure.

La tenue de l'équipage est bleu-clair avec parements rouges.

Parmi les veneurs ayant le bouton, nous citerons : MM. Gallice (dont les chevaux de selle et le mail-coach ont été souvent applaudis à l'Hippique), des Néthumières le marquis de Bouthiliers, Brinquant. Mme Brinquant suit les chasses avec beaucoup d'assiduité ; elle est l'une des meilleures et des plus intrépides amazones, qu'il y ait en ce moment.

Dans les plaines du camp de Châlons, la cinquième brigade de dragons avait inauguré depuis deux ans des chasses au lièvre. Mais venant d'être appelée à tenir garnison à Paris elle a dû liquider son équipage. Elle avait une quinzaine de bâtards poitevins bien créancés ;

beaucoup d'entrain présidait à ces réunions qui fournissaient aux officiers du camp la plus utile des distractions. Nous avons déjà dit combien il convient d'encourager, dans l'armée, les organisations de ce genre.

Plusieurs veneurs rémois se sont associés récemment pour former le *Rallye-Reims*, destiné à courre le sanglier. L'équipage a fait d'assez heureux débuts auprès d'Aussonce, dans les Ardennes, où les bêtes noires sont fort nombreuses,

La forêt de *Saint-Maur-sur-le-Mont*, à l'entrée de l'Argonne, regorge aussi de sangliers auxquels *M. Varin d'Espiensival*, lieutenant de louveterie fait une guerre acharnée. Il possède une meute excellente et déploie beaucoup d'intrépidité : le pays ne laisse pas d'être difficile avec ses fourrés épais et ses nombreux étangs gelés une partie de l'hiver.

En descendant vers la vallée inférieure de la Meuse, nous trouvons l'ancien théâtre d'opérations de la Société *Royale-Ardennes*. Elle comprenait des Belges et des Français comme membres, mais chassait surtout au-delà de la frontière. Dissoute depuis un an, elle sera sans doute réorganisée sur de nouvelles bases. En attendant, les *Royaux*, de Sedan, soutiennent vaillamment l'honneur des chasseurs ardennais et effectuent des déplacements jusque dans le Luxembourg, la patrie de l'illustre patron de la vénerie, Saint-Hubert.

Parmi les plus intrépides chasseurs au sanglier de la région, nous citerons : *MM. Laurent* de Chauvency-le-Château, *Morel*, lieutenant de louveterie à Rethel, *Gauthier* de Stenay.

En nous rapprochant de la frontière d'Alsace-Lorraine, nous trouvons une région boisée, riche en animaux de toutes sortes, sangliers, loups, renards. Les veneurs de Spincourt, de Damvillers, en font une grande tuerie, mais c'est ici la carabine qui joue le plus souvent son rôle. Nous nous bornerons donc à mentionner le nom de *M. Collenot*, de Pont-Sainl-Vincent qui chasse le sanglier avec un bon équipage de chiens normands.

emontons maintenant la vallée de la Meuse ; nous trouvons la belle forêt d'*Arc-en-Barrois*, propriété de Monseigneur le *Prince de Joinville* qui pendant longtemps y a régulièrement chassé, ainsi que dans les forêts de *Châteauvillain* et de *La Chaume*, qui sont, en quelque sorte, les dépendances de la précédente.

Le prince possède un vautrait d'une centaine de *fox-hounds*. Ce sont des animaux presque tous importés d'Angleterre et choisis avec un soin extrême. D'une taille qui ne dépasse guère vingt pouces, larges de reins et de poitrine, solidement charpentés, ils sont vites et très-mordants.

Comme la plupart des membres de la famille

d'Orléans, le prince de Joinville est grand amateur de vénerie : longtemps, il est allé chasser le chamois en Hongrie ; avant la loi d'expulsion, il faisait de nombreux déplacements à Eu, à Rambouillet, en Sologne.

Aujourd'hui son vautrait a conservé son installation de Chantilly — où il passait naguère une partie de l'année — mais il ne fait plus guère que des sorties d'entraînement, dans les forêts de Chantilly et d'Ermenonville. Les chiens travaillent sous la direction des piqueurs ; mais aucune invitation n'est lancée à l'occasion de ces laisser courre.

La forêt d'Arc-en-Barrois, reçoit tous les ans la visite de l'équipage de Follembray.

Le comte de Brigode, son propriétaire, était naguère associé au baron de Taisne, un des meilleurs veneurs de Bourgogne, chez lequel il faisait un déplacement de quelques semaines. Maintenant, seul maître d'équipage, il continue

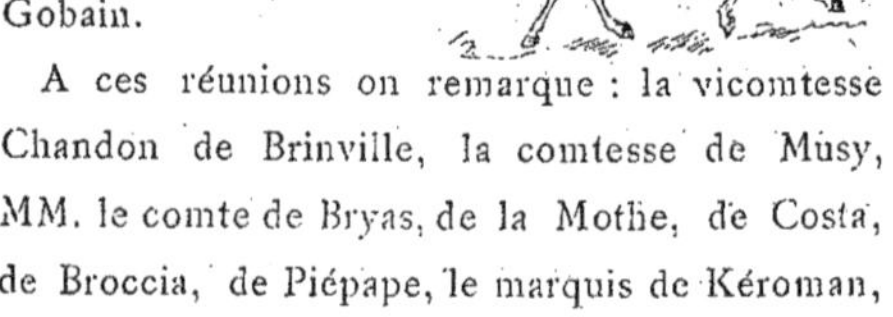

à venir dans la Haute-Marne et y recueille des trophées qui complètent ceux de Saint-Gobain.

A ces réunions on remarque : la vicomtesse Chandon de Brinville, la comtesse de Musy, MM. le comte de Bryas, de la Mothe, de Costa, de Broccia, de Piépape, le marquis de Kéroman, etc.

En Franche-Comté, nous devons signaler le vautrait que le *vicomte du Taillis* (à la Charité près Frétigny) a créé en 1884. Composé de bâtards vendéens et poitevins, il a pris, en peu de temps une bonne place parmi les équipages de la région.

Le docteur *Coillot*, à Montbozon (Haute-Saône) est un chasseur émérite de sanglier. On a beaucoup admiré à l'exposition canine de 1889, à Paris, sa meute de douze chiens courants francs-comtois de l'ancienne race des chiens de Lunéville, dite race de *porcelaine*. Ce sont des animaux blancs et orange, de

petite taille (50 à 55 centimètres), très-solidement constitués. Leur race serait à peu près perdue, si le docteur Coillot ne s'était efforcé de l'entretenir avec beaucoup de soins et de sacrifices. Il a bien mérité le premier prix pour l'ensemble de la meute et les récompenses pour sujets isolés qu'on lui a décernés.

M. Champanhet de Sarjas fait une guerre acharnée aux sangliers de la forêt de Chaux (Jura). C'est la forêt la plus étendue de France, après celle d'Orléans. Elle couvre 20.000 hectares et présente, en maints endroits des fourrés presque impénétrables, qui rendent la chasse difficile.

Mais les chiens francs-comtois qui composent l'équipage sont pleins de vaillance, ils sont en même temps remarquables par la pureté de leur type. M. Champanhet de Sarjas est une trompe de premier ordre et un veneur infatigable: il dirige lui-même son équipage avec le concours de Deban, excellent piqueur. Il possède aussi une petite meute de bassets anglais, qui lui ont valu plusieurs prix aux expositions canines.

Nous terminerons cette longue galerie des veneurs contemporains par *M. Léon Veil-Picard*, lieutenant de louveterie à Besançon. Il possède deux meutes, l'une de vingt-cinq à trente francs-comtois à poil ras, l'autre de vingt-cinq griffons nivernais.

Avec la première il chasse le lièvre dans les bois de Saône et d'Aglans, à douze kilomètres de Besançon. Ce territoire de chasse est vaste de mille hectares et est fort riche en lièvres : les chevreuils et les renards s'y voient aussi quelquefois.

M. Veil-Picard a exposé une quinzaine de ses chiens en 1889 et a obtenu plusieurs prix soit pour l'ensemble de sa meute, soit pour les sujets isolés. Ce sont des animaux de dix-huit à vingt pouces, bien charpentés, les uns tricolores les autres blancs et orange. Ils semblent avoir une certaine dose de sang artésien. Ils forcent environ une trentaine de lièvres du 1er septembre au 1er février.

Avec ses griffons, M. Veil-Picard chasse le sanglier, le loup, le renard et quelquefois le lièvre. Il découple dans les forêts de Chailluz, et de Thise (3.000 hectares), à six kilomètres de Besançon. Elles sont très pénibles et ne permettent pas le passage des cavaliers : aussi est-on réduit à y chasser à tir. Les sangliers étaient encore fort nombreux il y a trois ou quatre ans ; ils deviennent de plus en plus rares, ainsi que les loups. Cependant on tue encore une moyenne de vingt sangliers et une demi-douzaine de loups.

En même temps que ses francs-comtois, M. Veil-Picard a exposé douze griffons, remarqués pour leur bel ensemble ; ils sont noir et feu, de taille moyenne et solidement établis. Ils résultent probablement du croisement des nivernais de pure race avec des chiens de Saint-Hubert.

L'équipage de M. Veil-Picard est fort bien monté. Il est servi par deux piqueurs, Guillot et La Rosée qui ont obtenu les premier prix dans les concours de trompe des récentes expositions canines.

FIN

INDEX DES NOMS CITÉS

*Le signe * indique les noms des maîtres d'Équipages*

ERRATA

Page 18, ligne 16. — Au lieu d'*équipage de daims*, lire *équipage de daim*.

Page 19, ligne 2. — Au lieu de : les *tirs*, lire les *tirés*.

Page 33, ligne 15. — Portrait signé Jacquet. Les fidèles des *Mirlitons* se souviennent aussi d'un autre, où Gérôme avait peint la Duchesse, en tenue de chasse, montant son grand cheval gris et se tenant immobile sous bois, l'oreille aux aguets d'une fanfare lointaine.

Page 39, ligne 1. -- A la fin du bail de M. Aguado M. Servant prit la location de la chasse au cerf et sangliers. Puis il s'associa à M. Ephrussi qui resta enfin seul locataire ; c'est alors qu'il se transporta à Villers-Cotterets.

Page 45, ligne 11. — La reprise des Chasses de *Rallye-Franchard* est un fait accompli. Elle a eu lieu, au milieu d'octobre 1889, par une brillante réunion : plus de soixante cavaliers et de quarante voitures au carrefour de la Croix de Toulouse, où était ce premier rendez-vous.

Page 49, ligne 12. — Le Prince de Joinville chassait surtout dans la forêt d'Ermenonville, où les sangliers se plaisaient plus qu'à Chantilly, en raison de son caractère accidenté et sauvage.

Page 60, ligne 6 — Les maîtres avaient la culotte de velours havane, et les bottes à revers — les hommes, la culotte bleue et la grosse botte.

Page 62, ligne 13. — au lieu de *Par Monts et par vallons*, lire : *Par Monts et vallons.*

Page 71, ligne 11. — Au lieu de Carlepant, lire *Carlepont* — Mont-Fortu, — *Mont-Tortu.*

Page 77, ligne 9. — Au lieu de Pouthieu, lire *Ponthieu.*

PAGE 88, ligne 9. — Le comte de Valanglart possède une trentaine de chiens chassant ; ce sont des bâtards, ayant une forte proportion de sang saintongeais, de taille moyenne, mais solides et formant un très bel ensemble.

PAGE 110, ligne 5. — Au lieu de Chopelin, lire *Choplin*.

PAGE 111, ligne 19. — Au lieu de Saint-Walfran, lire *Saint-Wulfran*.

PAGE 122, ligne 21. — *Bachanal* est un superbe chien de 5 ans, au manteau gris, au poitrail et au-dessous blancs, marqué de fauve pâle à la tête. On peut le considérer comme un spécimen des plus remarquables de la race normande, — avec cette minime infusion de sang anglais qui est maintenant inévitable.

PAGE 128, ligne 4. — Au lieu de Lorges, lire *Lorge*.

PAGE 128, ligne 9. — Au lieu de Grammont, lire *Gramont*.

PAGE 130. ligne 16. — Aux équipages de la Sarthe que nous venons de citer, il convient d'ajouter celui de M. *Henri de Lamandé*, il chasse aux environs de la Flèche. Il s'est fait remarquer, cette année, à l'Exposition Canine par sa meute de 12 chiens fauves de Bretagne. Ces griffons appartiennent à l'une des plus anciennes races indigènes : dès le XIVe Siècle, Huet des Ventes, veneur du roi Jean, en avait une meute. D'assez bonne taille, forts et rustiques, aimant la chasse, ces chiens étaient très-recherchés naguère pour forcer loups et sangliers dans les forêts les plus difficiles. Leur race a presque entièrement disparu et l'on doit féliciter M. de Lamandé d'avoir travaillé, depuis quinze ans à la reconstituer. Il a bien mérité d'obtenir le 2e prix pour sa meute entière et le 1er prix pour sa chienne *Fanfare*.

PAGE 164. — La *Fanfare de la Reine*, est l'une des plus jolies de l'ancienne vénerie, où la *Société de la Morelle*, tint une si grande place. Elle fait partie du recueil composé par M. de Dampierre pour les équipages royaux. Elle sonnait quand l'animal de chasse était un daguet.

PAGE 176, ligne 14. — Au lieu de la Ganaude, lire la *Garnaude*.

PAGE 192, ligne 19. — Au lieu de *Ayné*, lire *Aymé*.

PAGE 207, ligne 13. — Supprimer *Lieutenant de Louveterie*.

PAGE 208, ligne 8. — Au lieu de Rehoisy, lire *Echoisy*.

PAGE 208, fin du 1er alinéa : ajouter (chasse du 10 février 1888).

PAGE 208, ligne 18. — Au lieu de Matet, lire *Maret*, et au lieu de Montarby, *Montardy*.

PAGE 216, ligne 12. — Tous les sportmen parisiens se rappellent les succès qu'il obtint à l'avant-dernier concours avec *Désarroi*, un des sauteurs les plus extraordinaires qui aient paru au Palais de l'Industrie.

PAGE 217, ligne 5. — Au lieu de Saint-Nicaise, lire *Saint-Sicaire*.

PAGE 226, ligne 9. — Au lieu de Mousse, lire *Mousset*.

PAGE 227, ligne 8. — Le vicomte de Puységur possède encore un petit équipage de Gascons-Ariégeois, bien mis dans la voie du lièvre, avec lequel il chasse auprès de Rabastens.

PAGE 240, ligne 20. — Le personnel comporte un premier piqueur, deux hommes à cheval et trois valets de chiens à pied.

PAGE 241, ligne 7. — Ajoutons aux habitués des chasses de Valençay : M. Edmond de Lignac, M. et Mme Georges Delrue, M. et Mme de Borhgrave.

PAGE 261, ligne 2. — Les couleurs du marquis du Bourg sont bleu et orange.

PAGE 261, en bas de chapitre. — Le marquis du Bourg, sur *Bernay*, et le comte du Bourg, sur *Crocodile*, franchissent les obstacles du Concours Hippique, (Prix Couplés, 1889).

PAGE, 278, ligne 22. — Les couleurs du Prince de Joinville, sont celles de la Maison d'Orléans, que nous avons décrites à propos de l'équipage de Chantilly.

TABLE DES MATIÈRES

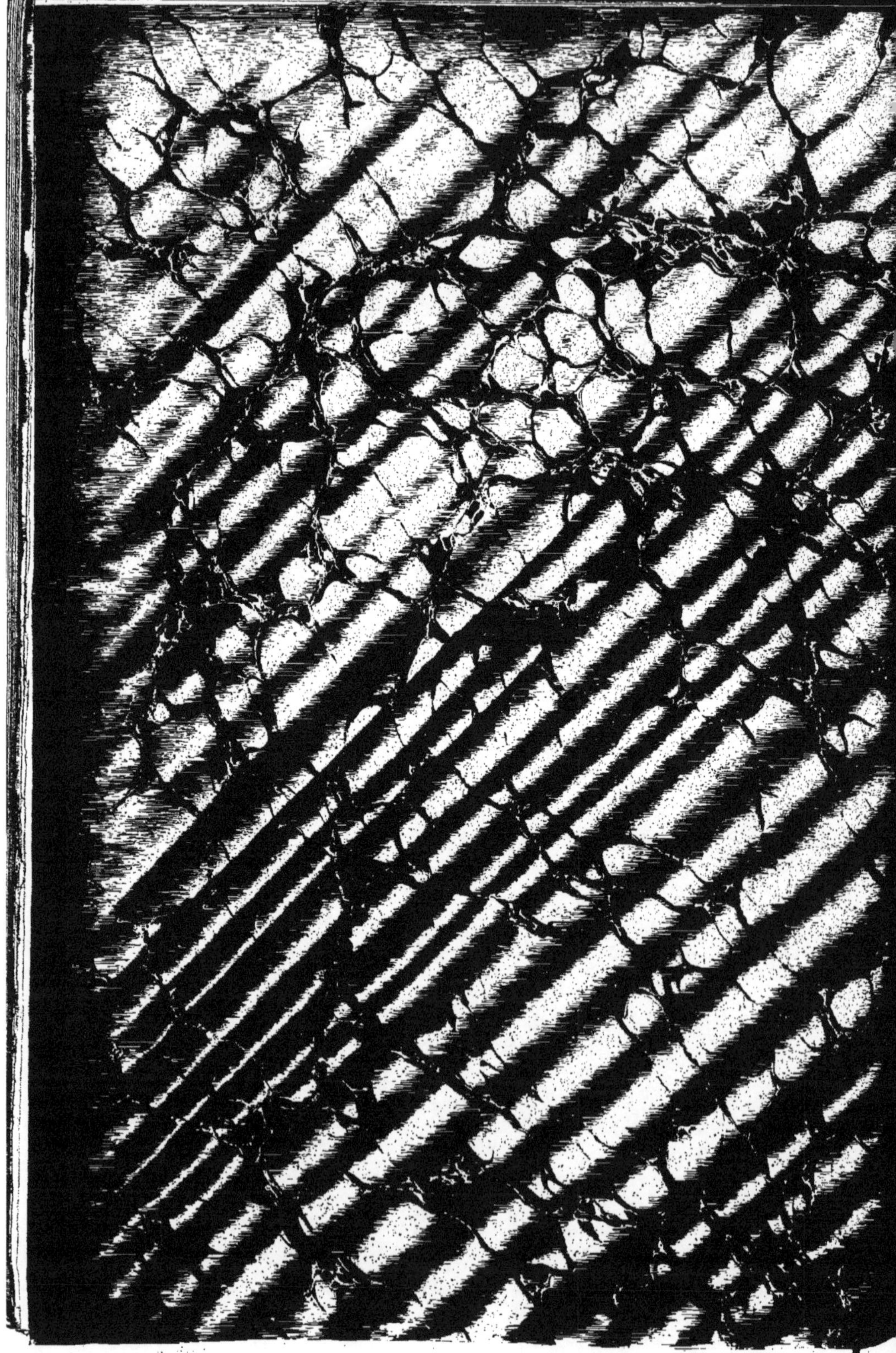

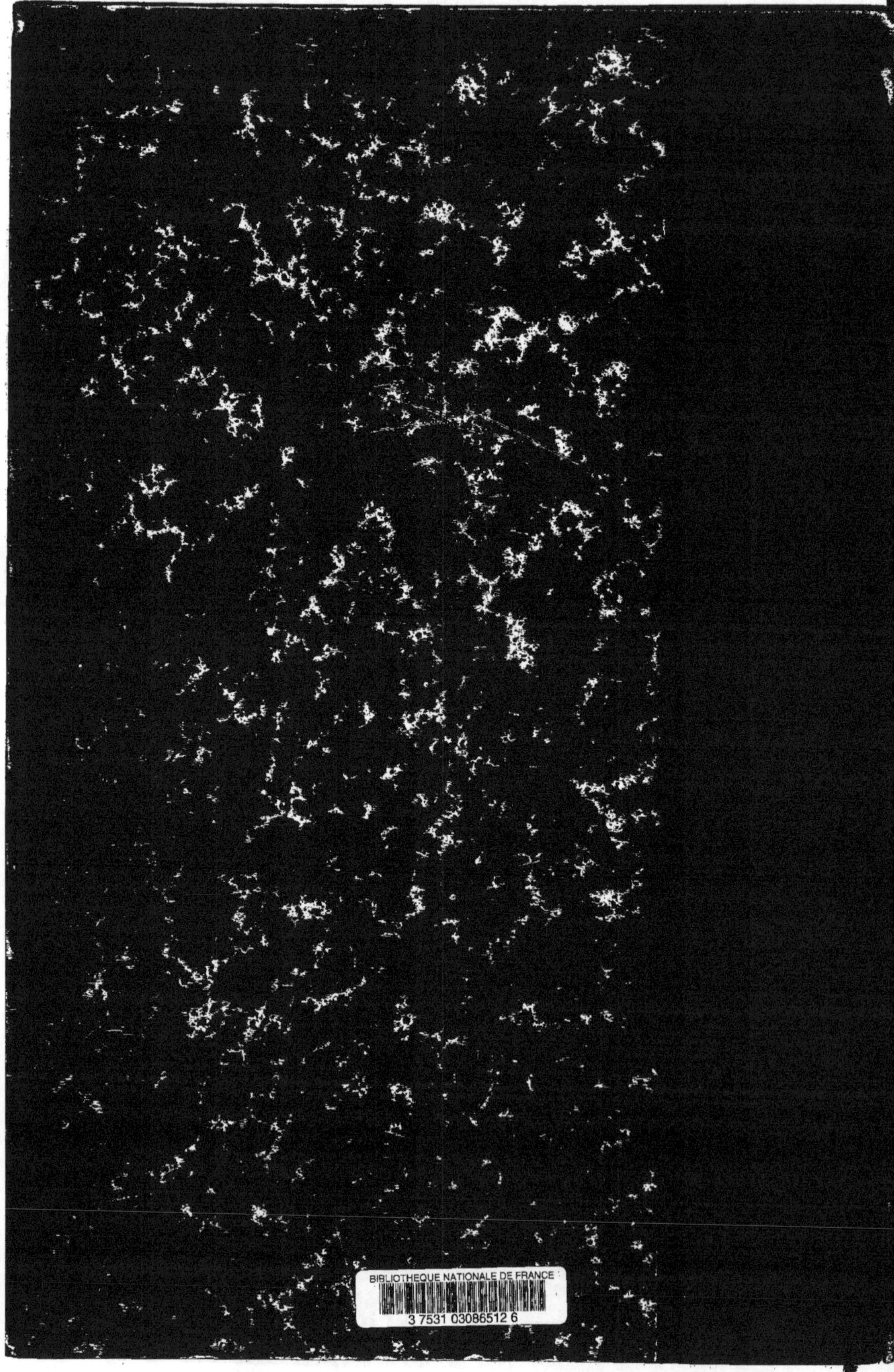
BIBLIOTHEQUE NATIONALE DE FRANCE
3 7531 03086512 6

www.ingramcontent.com/pod-product-compliance
Ingram Content Group UK Ltd.
Pitfield, Milton Keynes, MK11 3LW, UK
UKHW031045260726
13965UKWH00006B/362